数学を使ってなっとく！

数学的思考の日常

直観と実際

清 史弘 著

現代数学社

序文

私たちの身の回りには, 数学を使って説明できる現象, 戦略などが数限りなくあります。本書ではその中でも普段の生活の中で役に立ちそうな楽しいテーマを中心に集め, これらについての結論を紹介し, そこに至った数学的な裏付けをしっかりと説明することで, 知の楽しさを多くの方と共有できるとよいなと思いました。本書で取り上げられているテーマは, すでによく知られているものもありますが, 原則として著者が独自に見つけ分析したものが中心です。そして, 各テーマの結論は, 数学が苦手な人にも利用できる形で紹介していますが, それだけでなく, 数学を使って納得・理解できる楽しさを皆さんと共有できる場になるように目指しています。なお, 数学的な理解には高校数学程度の知識が必要になるものもあります。

本書の中で取り上げられている「生活の中で役に立ちそうな数学」の例をあげてみましょう。

第 1 章では「じゃんけんの回数」がテーマですが, これは, 何人かで一人の勝者を決めるまでに何回じゃんけんをすれば終わるかということがテーマです。例えば, 1 枚しかないチケットを誰がもらうかというときに, 何人かでじゃんけんをすると平均するとどのくらいの回数で終わるかを考えたものです。詳しくは本編にありますが, 3 人, 4 人で行なうと平均すると数回で終わりますが, 人数が増えると勝者が決まるまでのじゃんけんの回数は急激に増えます。このような結果はいろいろな場面で応用でき, それを考えることもとても楽しいことと思います。

また, 第 6 章では, コンサート会場などで最もよくステージが見える位置はどこなのか, あるいは, 信号を識別しやすい位置はどこなのかについても触れています。「よく見える」の基準が, 目に映る縦方向の長さの場合と面積の場合の両方について説明してあります。

このように, 私たちの身の回りには, 数学を少し使うだけで解決することがいくつもありますが, このような「気にはなっていたけれど, どうなんだろうと思っていた」ことを少しでも多く解決して, 皆さんと数学の楽しさを分ちあえたらと考えています。どうぞご覧ください。

著者　清　史弘

目 次

第1章　じゃんけんの回数

1.1　じゃんけんはいつ終わる?

何人かで勝ち残り方式でじゃんけんをして, 勝者を 1 人決めるとしましょう。このとき, 勝者が決まるまでどのくらいの回数のじゃんけんが必要でしょうか? それがわかることで, このじゃんけんがいつころ終わるかを予測できます。

具体的には, 次のようなケースを考えます。今, たった 1 枚しかないコンサートのチケットがあり, これを n 人の中から 1 人だけもらえるとします。これをじゃんけんで決めるときどのくらいの回数のじゃんけんで決着がつくでしょうか。その見通しについて一つの考え方を提示していくのが, この章でも目的です。

さて, じゃんけんで 1 人の勝者を決める方法は次のようにします。

- まず, n 人が一斉にじゃんけんをする。

  その結果,

- 勝者が 1 人であれば, その人がチケットをもらう。
- 勝者が 2 人から $n-1$ 人までの間なら, 勝者だけが残りじゃんけんを続ける。
- あいこであれば, 全員が残りじゃんけんを続ける。

これを繰り返し, 最終的に 1 人になるまでじゃんけんを続ける。

この方法で, チケットをもらう人を決めるまでに, 平均すると何回のじゃんけんをすることになるかを考えるのがテーマです。これを数学の問題としてとらえ, じゃんけんの回数の期待値を求める問題として考えます。

1.2　理論編

1.2.1　準備と設定

「じゃんけんを平均何回するか?」は, 数学の問題としては,

「勝者が 1 人になるまで行なうじゃんけんの回数を確率変数 X にとったときの, X の期待値を求める問題」

になります。ここでは, n 人でじゃんけんを始めたとき, 勝者が 1 人に決まるまでのじゃんけんの回数の期待値 E_n を求める問題としてとらえます。

期待値とは

期待値とは, ざっくりと説明すると, 「これからあることをしようとするとき, これから起こるであろう結果の平均」のことです。例えば, さいころを 1 個投げたとき, 出る目は 1, 2, 3, 4, 5, 6 です。理想的なさいころ[1]では, どの目も確率 $\dfrac{1}{6}$ で出るので, 平均するとこの 6 個の数の平均である

$$\frac{1+2+3+4+5+6}{6}=3.5$$

が出ると考えられます。

何回も同じことを繰り返す場合は, この期待値が重要になってきます。例えば, さいころを 100 回投げて出た目の和が得点になる場合, この得点は, 「1 回あたり平均 3.5 が出るから 100 回では $3.5\times 100=350$ (点) になる」と考えら

[1] どの目も等確率で出るさいころのこと。

れ, 実際, 「さいころを 100 回投げる」ことを何回も行なうと, 得点はこの 350 点を中心に分布します。(「必ず, 350 点になる」ということではありません。)

12 人でじゃんけんをすれば平均何回で終わるのかということについても, じゃんけんの回数の期待値を求めればよいということになります。ところで, n 人でじゃんけんをしたときに勝者が決まる回数を X とし, $X = k$ $(k = 1, 2, 3, \ldots)$ となる確率を p_k とおくと, k はどこまでも大きな値をとる可能性があるので,

$$E(X) = \sum_{k=1}^{\infty} kp_k$$
$$(= 1p_1 + 2p_2 + 3p_3 + 4p_4 + \ldots\ldots + np_n + \ldots\ldots)$$

となりますが, この通りに求めようとすると大変なので工夫が必要になります。まずは, そのための基礎知識を確認しましょう。

n 人がじゃんけんをして, m 人が勝ち残る確率

まず, n 人がじゃんけんをして m 人が勝ち残る確率 q_m を考えましょう。 ただし, m は $1 \leq m \leq n-1$ とします。これは,

$$q_m = {}_n\mathrm{C}_m \cdot 3\left(\frac{1}{3}\right)^n$$
$$= {}_n\mathrm{C}_m \left(\frac{1}{3}\right)^{n-1}$$

となります。ここで, m は n より小さい自然数で n は 2 以上の整数です。また, この式の中で,

- ${}_n\mathrm{C}_m$ は, n 人から勝者になる m 人を選ぶ場合の数
- 3 は, 勝者が何を出して勝つか

を表しています。そして, 勝者がだれで, その人達が何を出して勝つかが決まると全員出すものが確定し, これに, 「n 人が自分が決められたものを出す確率

$\left(\frac{1}{3}\right)^n$」をかけて m 人が勝ち残る確率 q_m が得られます。

一方, あいこになる確率は, 誰も勝たない確率 $(1-(q_1+q_2+\ldots+q_{n-1}))$ と考えて,

$$\begin{aligned}1-\sum_{m=1}^{n-1} {}_n\mathrm{C}_m \left(\frac{1}{3}\right)^{n-1} &= 1-\left(\frac{1}{3}\right)^{n-1} \sum_{m=1}^{n-1} {}_n\mathrm{C}_m \\ &= 1-\left(\frac{1}{3}\right)^{n-1} \{(1+1)^n - {}_n\mathrm{C}_0 - {}_n\mathrm{C}_n\} \\ &= 1-(2^n-2)\left(\frac{1}{3}\right)^{n-1}\end{aligned}$$

となります。ここで,

「$\displaystyle\sum_{m=1}^{n-1} {}_n\mathrm{C}_m$ はなぜ $\{(1+1)^n - {}_n\mathrm{C}_0 - {}_n\mathrm{C}_n\}$ になるのか」

については, 二項定理を用いて, 次のように説明できます。

$$\begin{aligned}\sum_{m=0}^{n} {}_n\mathrm{C}_m &= \sum_{m=0}^{n} {}_n\mathrm{C}_m \cdot 1^m \cdot 1^{n-m} \\ &= (1+1)^n \qquad (1.1)\end{aligned}$$

ここで, $\displaystyle\sum_{m=0}^{n} {}_n\mathrm{C}_m = {}_n\mathrm{C}_0 + \sum_{m=1}^{n-1} {}_n\mathrm{C}_m + {}_n\mathrm{C}_n$ ですので, 式 (1.1) の両辺から ${}_n\mathrm{C}_0 + {}_n\mathrm{C}_n$ を引いて,

$$\sum_{m=1}^{n-1} {}_n\mathrm{C}_m = (1+1)^n - {}_n\mathrm{C}_0 - {}_n\mathrm{C}_n$$

となります。

ここまでで, n 人がじゃんけんをして m 人が勝ち残る確率 q_m およびあいこになる確率を求めると次のようになります。

n \ m	1	2	3	4	5	6	あいこ
2	$\frac{2}{3}$						$\frac{1}{3}$
3	$\frac{1}{3}$	$\frac{1}{3}$					$\frac{1}{3}$
4	$\frac{4}{27}$	$\frac{6}{27}$	$\frac{4}{27}$				$\frac{13}{27}$
5	$\frac{5}{81}$	$\frac{10}{81}$	$\frac{10}{81}$	$\frac{5}{81}$			$\frac{17}{27}$
6	$\frac{6}{243}$	$\frac{15}{243}$	$\frac{20}{243}$	$\frac{15}{243}$	$\frac{6}{243}$		$\frac{181}{243}$
7	$\frac{7}{729}$	$\frac{21}{729}$	$\frac{35}{729}$	$\frac{35}{729}$	$\frac{21}{729}$	$\frac{7}{729}$	$\frac{67}{81}$

E_2 を求める

次に, 2 人でじゃんけんをしたときに決着がつくまでの回数の期待値 E_2 を求めてみましょう。

これを求めるためには,

$$-1 < r < 1 \text{ のとき } \lim_{n\to\infty} nr^n = 0$$

を利用して得られる次の公式が必要になります。

$-1 < r < 1$ のとき,

$$\sum_{n=1}^{\infty} nr^{n-1} = \frac{1}{(1-r)^2}$$

が成り立つ。

これを用いると E_2 は次のように得られます。まず, k 回目に勝者が決まる場合とは, $k-1$ 回あいこが続き, 最後にどちらかが勝つ場合なので, k 回目に勝者が決まる確率 p_k は, あいこの確率 $\dfrac{1}{3}$ を $k-1$ 回かけて, それにどちらかに勝者が決まる確率 (あいこにならない確率) $\dfrac{2}{3}$ をかければよいので,

$$p_k = \left(\frac{1}{3}\right)^{k-1} \cdot \frac{2}{3}$$

となります。したがって, E_2 は次のように得られます。

$$E_2 = \sum_{k=1}^{\infty} k \left(\frac{1}{3}\right)^{k-1} \cdot \frac{2}{3} = \frac{2}{3} \cdot \frac{1}{\left(1 - \frac{1}{3}\right)^2}$$

$$= \frac{3}{2} \quad (= 1.5)$$

この結果から, 2 人でじゃんけんをすると, 平均で 1.5 回で決着がつくことがわかります。

E_3 を求める

次に, E_3 ですが, これは,

$$E_3 = \frac{1}{3} \cdot 1 + \frac{1}{3}(1 + E_2) + \frac{1}{3}(1 + E_3) \tag{1.2}$$

から得られます。この式の意味を理解するために, 次のような例題を考えてみましょう。

【例題】

2 つの箱 A, B があり, A の箱には 1, 2, 3, 4, 5 が書かれた球が 1 個ずつ入っていて, B の箱には 3, 4, 5, 6, 7, 8, 9 が書かれた球が 1 個ずつ入っている。まずさいころを 1 回投げて,

- 1, 2, 3, 4 の目が出れば A から 1 個球を取り出す
- 5, 6 の目が出れば B から 1 個球を取り出す

このとき, 取り出す球に書かれている数字の期待値を求めよ。

この問題は, もちろん球 k $(1 \leq k \leq 9)$ を取り出す確率を p_k とおいて,

$$\sum_{k=1}^{9} kp_k$$

を求めても結果は得られます。この場合 p_k は,

$k = 1, 2$ のとき $\frac{2}{3} \cdot \frac{1}{5} = \frac{2}{15}$

$k = 3, 4, 5$ のとき $\frac{2}{3} \cdot \frac{1}{5} + \frac{1}{3} \cdot \frac{1}{7} = \frac{19}{105}$

$k = 6, 7, 8, 9$ のとき $\frac{1}{3} \cdot \frac{1}{7} = \frac{1}{21}$

となるので, 後は期待値の定義に代入すれば結果は得られます。

ところで, 同じ問題を次のように考えても結果を得ることが出来ます。

まず, A の箱を選ぶ確率は, $\frac{4}{6} = \frac{2}{3}$ です。次に A の箱から 1 個球を選び出すとき, 取り出した球に書かれている数字の期待値は,

$$1 \cdot \frac{1}{5} + 2 \cdot \frac{1}{5} + 3 \cdot \frac{1}{5} + 4 \cdot \frac{1}{5} + 5 \cdot \frac{1}{5} = \frac{1+2+3+4+5}{5} = 3$$

となります。同じように, B の箱を選ぶ確率と B から取り出した球に書かれている数字の期待値は, 箱を選ぶ確率が $\frac{1}{3}$ で期待値は,

$$\frac{3+4+5+6+7+8+9}{7} = 6$$

となります。

これを用いて, この問題の求める期待値は,

$$\frac{2}{3} \cdot 3 + \frac{1}{3} \cdot 6 = 4$$

として求めることができるのです。つまり,

(箱 A を選ぶ確率)× (A の期待値)+(箱 B を選ぶ確率)× (B の期待値)

のように求めることが出来るのです。これは,

$$(\text{確率}) \times (\text{期待値}) + (\text{確率}) \times (\text{期待値})$$

のように計算して, 期待値を求めていることになります。

それでは, さきほどの式 (1.2) に話を戻します。

3 人がじゃんけんをするとき, 確率 $\frac{1}{3}$ で 1 人の勝者が決まる。このときはじゃんけんをした回数は 1 回だから, $\frac{1}{3} \cdot 1$ として, これが式 (1.2) の第 1 項です。

次に, 確率 $\frac{1}{3}$ で 2 人の勝者が決まりますが, このとき,

- すでに 1 回じゃんけんをした
- 今後勝者が決まるまで E_2 回のじゃんけんを行うことが期待される

ということで, この場合じゃんけんをする回数の平均値 (期待値) は $(1 + E_2)$ になります。

次に, 確率 $\frac{1}{3}$ であいこになった場合も同じように考えます。 つまり, すでにあいこになるじゃんけんを 1 回してあって, その後平均 E_3 回かかると考えます。

このように考えて, 式 (1.2) が得られるのです。この式 (1.2) は E_3 を表すのに E_3 を用いているので, E_3 を求めるときは, 右辺の E_3 を左辺に移項します。
まず, 式 (1.2) に $E_2 = \frac{3}{2}$ を代入すると,

$$\begin{aligned} E_3 &= \frac{1}{3} + \frac{1}{3}\left(1 + \frac{3}{2}\right) + \frac{1}{3}(1 + E_3) \\ \frac{2}{3}E_3 &= \frac{1}{3} + \frac{5}{6} + \frac{1}{3} \\ &= \frac{3}{2} \end{aligned}$$

したがって,

$$E_3 = \frac{9}{4} \quad (= 2.25)$$

が得られます。つまり, 3 人でじゃんけんをすると勝者が決まるまでは, 平均すると 2.25 回かかるということになります。ということは, 3 回はかかっていないことになります。しかし, n 人でじゃんけんをするとき勝者が決まるまでじゃんけんをする回数はいつも n 回かからないということにはなりません。次に, E_4 以降を考えてみましょう。

E_n ($n \geq 4$) について

同じように考えると E_4 は次の式から得られます。

$$E_4 = \frac{4}{27} \cdot 1 + \frac{6}{27}(1 + E_2) + \frac{4}{27}(1 + E_3) + \frac{13}{27}(1 + E_4)$$

ここから, E_4 を求めると,

$$E_4 = \frac{45}{14} \quad (= 3.21\ldots)$$

となります。同じように E_5 は, 次のようになります。

$$E_5 = \frac{5}{81} \cdot 1 + \frac{10}{81}(1 + E_2) + \frac{10}{81}(1 + E_3) + \frac{5}{81}(1 + E_4) + \frac{17}{27}(1 + E_5)$$

より,

$$E_5 = \frac{157}{35} \quad (= 4.48\ldots)$$

が得られます。少しずつ計算は大変になっていきますが, E_6, E_7 あたりまでは手計算でもなんとかできて, その結果は,

$$E_6 = \frac{13497}{2170}, \quad E_7 = \frac{225161}{26040}$$

のようになります。また, これまで求めた値を小数第 2 位まで表記した (第 3 位を四捨五入した) ものは次のようになります。

n	1	2	3	4	5	6	7
E_n	0	1.5	2.25	3.21	4.49	6.22	8.65

ここで, E_1 については 1 人ならじゃんけんをする必要がないので $E_1 = 0$ と定義しました。

ここに記載されている範囲の n では E_n は穏やかに増加していますが, n がもう少し増えると爆発的に増加します。ここから先は計算アプリを利用して求めると次のようになります。

n	E_n
2	1.50
3	2.25
4	3.21
5	4.49
6	6.22

n	E_n
7	8.65
8	12.10
9	17.09
10	24.35
15	158.87

n	E_n
20	1,142.90
25	8,514.35
30	64,201.24
35	486,216.72
40	3,688,328.07

これによると, 10 人でじゃんけんをすると平均 24 回程度で終わりますが, 倍の 20 人になると平均 1143 回程度かかってしまいます。20 人になると次の図のようにいくつかに分けて予選をし, その後で決勝戦をする方が効率的です。

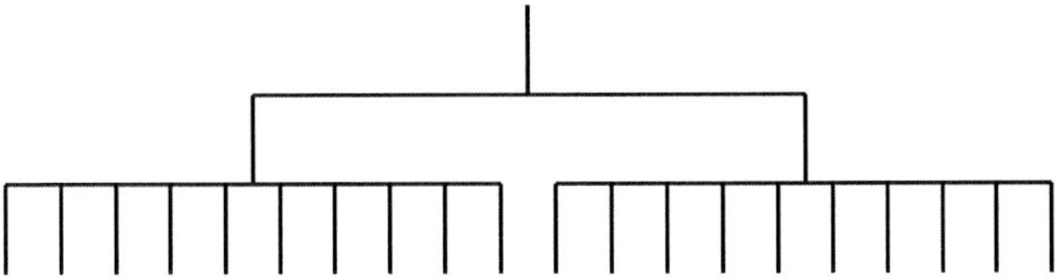

このとき, じゃんけんの回数の平均を E'_{20} とおくと,

- 1 回戦は同時に開始できる。同時に行なっているときは, それを 1 回分とする。

- 1 回戦は早く終わった方は, 遅い方を待っていなければならない。
- 1 回戦がすべて終わるまでの平均回数は, 1 回戦を終えた後に別の 1 回戦を行なう場合の回数以下である。

を考えて,

$$24.35 + 1.5 \leq E'_{20} \leq 24.35 \times 2 + 1.5$$

$$\therefore \quad 25.85 \leq E'_{20} \leq 50.2$$

この程度の評価ならばすぐにできます。

☆————————————————————☆

補　足

ここでは,「期待値」を判断基準として考え, そこから先を数学の問題として解決してきました。しかし, 期待値が必ずしもよい判断ができるわけではありません。

例えば, 箱の中に

[1] [2] [3] [4] [5] [6] [7] [8] [9] [155]

が書かれたカードが入っているとします。ここから 1 枚カードを引いたときに書かれている数字の期待値は 20 ですが, 大半は, 10 以下のカードです。

また, 箱の中に入っているカードが,

[1] [2] [3] [97] [98] [99]

の場合は, 取り出したカードに書かれている数の期待値は 50 ですが, 50 付近のカードはありません。

どちらも, 何度も試行を続けるとカードに書かれている数字の平均は期待値に近づくのですが, 1 回の試行では, 期待値付近の結果は起こりません。

☆————————————————————☆

1.3　まとめ

全員でじゃんけんをして勝者を 1 人に決めるまでにかかる回数

何人かでじゃんけんをして 1 人の優勝者を決める「ゲーム」をします。このゲームは, 次のルールに基づいて行ないます。

- 1 回のじゃんけんで 1 人の勝者が決まるときは, その人がこのゲームの優勝者です。
- 1 回のじゃんけんであいこの場合は, 全員が残りじゃんけんを続けます。
- 1 回のじゃんけんで 2 人以上の何人かが勝ち何人かが負けた場合は, 勝った人だけが残りじゃんけんを続けます。

このルールに基づいてじゃんけんを続けたとき, 最終的に優勝者が決まるまでじゃんけんを行なった回数の期待値は, 最初に何人でじゃんけんを始めたかによって異なり, 次の表のようになります。ただし, 4 人以降は, 小数第 3 位を四捨五入してあります。

人数	2 人	3 人	4 人	5 人	6 人	7 人	8 人	9 人	10 人
回数	1.5	2.25	3.21	4.49	6.22	8.65	12.10	17.09	24.35

この表から, 2 人でじゃんけんをする場合は, 平均すると 1.5 回で優勝者が決まり, 3 人ならば, 平均 2.25 回ということになります。この表には書かれていませんが, 20 人ならば, 平均 1142.90 回, 30 人ならば平均 64201.24 回かかり, 人数が増えるとじゃんけんの回数は急激に増えます。

このように急激に増えることを考えると, 人数が 10 人を越えるような場合は, いくつかのグループに分けて「予選」を行なう方が早く終わり効率的です。

1.4 関連資料

本編の内容の関連する資料として,

- 資料 1: n 人がじゃんけんをして m 人が勝ち残る確率
- 資料 2: 勝者が 1 人に決定するまでのじゃんけんの回数

を載せます。

資料 2 は, n 人でじゃんけんを始めたときに, 最終的に勝者が 1 人に決まるのでのじゃんけんの回数の期待値を表したものです。

資料 1　**n 人がじゃんけんをして m 人が勝ち残る確率**

n \ m	1	2	3	4	5	6	7	8	9	あいこ
2	0.67									0.33
3	0.33	0.33								0.33
4	0.15	0.22	0.15							0.48
5	0.062	0.12	0.12	0.062						0.63
6	0.025	0.062	0.082	0.062	0.025					0.74
7	0.0096	0.029	0.048	0.048	0.029	0.0096				0.83
8	0.0037	0.013	0.026	0.032	0.026	0.013	0.0037			0.88
9	0.0014	0.0055	0.013	0.019	0.019	0.013	0.0055	0.0014		0.92
10	0.00051	0.0023	0.0061	0.011	0.013	0.011	0.0061	0.0023	0.00051	0.95

注

ここから, 1 回のじゃんけんであいこになる確率が急速に 1 に近づいていくことがわかります。

資料 2　勝者が 1 人に決定するまでのじゃんけんの回数

n 人で勝ち残り方式でじゃんけんを始めて, 1 人の勝者が決まるまでのじゃんけんの回数の期待値です。

n : 最初にじゃんけんをする人数

E_n : 勝者が一人に決まるまでじゃんけんを行なう回数の期待値

時間 : 1 回 3 秒でじゃんけんしたときにかかる時間

n	E_n	時間
2	1.50	4.5 秒
3	2.25	6.8 秒
4	3.21	9.6 秒
5	4.49	13.5 秒
6	6.22	18.7 秒
7	8.65	26.0 秒
8	12.10	36.3 秒
9	17.09	51.3 秒
10	24.35	1 分 13 秒
11	34.98	1 分 45 秒
12	50.63	2 分 32 秒
13	73.74	3 分 41 秒
14	107.99	5 分 24 秒
15	158.87	7 分 57 秒
16	234.57	11 分 44 秒
17	347.39	17 分 22 秒
18	515.73	25 分 47 秒
19	767.14	38 分 21 秒
20	1,142.90	57 分 9 秒
21	1,704.91	1 時間 25 分
22	2,545.88	2 時間 7 分
23	3,804.83	3 時間 10 分

n	E_n	時間
24	5,690.17	4 時間 44 分
25	8,514.35	7 時間 5 分
26	12,745.88	10 時間 37 分
27	19,087.29	15 時間 54 分
28	28,592.11	23 時間 49 分
29	42,840.27	約 1 日
30	64,201.24	約 2 日
31	96,228.68	約 3 日
32	144,252.38	約 5 日
33	216,266.22	約 7 日
34	324,259.91	約 11 日
35	486,216.72	約 16 日
36	729,109.89	約 25 日
37	1,093,397.22	約 1 ヶ月
38	1,639,762.82	約 2 ヶ月
39	2,459,229.64	約 3 ヶ月
40	3,688,328.07	約 4 ヶ月
41	5,531,848.65	約 6 ヶ月
42	8,296,970.93	約 9 ヶ月
43	12,444,456.32	約 1 年 2 ヶ月
44	18,665,437.16	約 1 年 9 ヶ月
45	27,996,599.66	約 2 年 8 ヶ月

第2章　正方形の部屋

2.1　離れていたい

床面が正方形の形をしたエレベータに見ず知らずの 3 人が乗ったとしましょう。この 3 人がお互いできるだけ離れたいと考えたとします。このようなとき，3 人はどのような位置にいるとよいでしょうか。

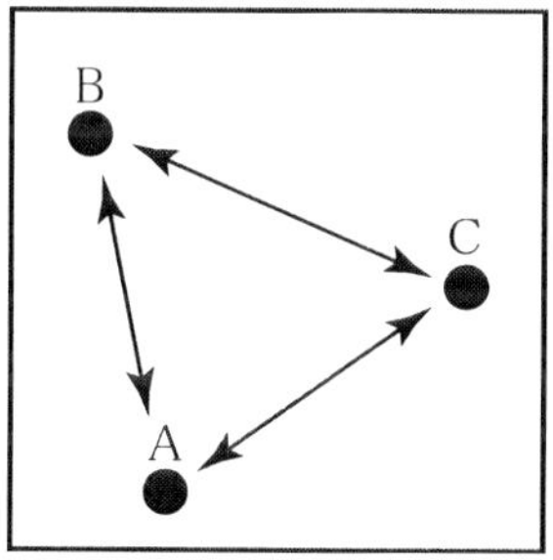

ここで，「お互いできるだけ離れたい」というのは，ここでは，

異なる 2 点の距離の最小値を最大にすること

です。もっと平たく言えば，「最も近づいている距離を最大にすること」となります。

それでは，この 3 人が距離を保つように乗るには，どのような位置にいればよいのかを考えてみましょう。

2.2　理論編

まず問題点を整理しましょう。3 人を A, B, C とおきます。このとき線分 AB, BC, CA の長さの最小値を最大にする場合を考えるのが目標です。ここで，ここからは 3 人は大きさのない「点」として考えます。さらに，A, B, C は 1 辺の長さ 1 の正方形 PQRS の周または内部にあるものとします。

STEP 1

A, B, C の一つは正方形の頂点にある場合を考えればよいことを示す

まず，次の図を見てください。

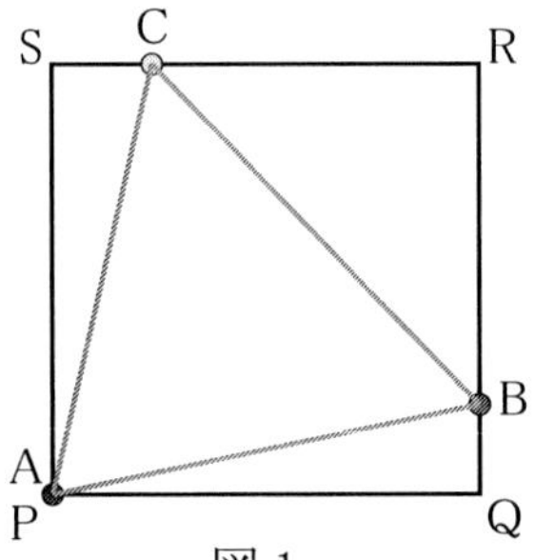

図 1

この図の場合，$AB > 1$, $AC > 1$ となっています。なぜなら，AB, AC は明らかに正方形の 1 辺の長さより長いからです。次に，B が Q に近く，C が S に近いときは $BC > 1$ となります。例えば，$BR > \dfrac{1}{\sqrt{2}}$, $CR > \dfrac{1}{\sqrt{2}}$ であれば $BC > 1$ となります。したがって，

この三角形は 3 辺の長さがすべて 1 より大きいものが作れる

いい換えると，

3 点はすべて距離が 1 より大きく離れることは可能である

ということなので,「AB, BC, CA の長さの最小値」(以下, $m(\mathrm{A},\mathrm{B},\mathrm{C})$ で表す) の最大値は少なくとも 1 より大きいことがいえます。ここまでで, $m(\mathrm{A},\mathrm{B},\mathrm{C})$ を最大にする場合を考えるとき, 一つの辺に 2 点以上あってはならないということになります[1]。

以上より, まず, $m(\mathrm{A},\mathrm{B},\mathrm{C})$ を最大にする場合は, A, B, C が正方形の異なる辺になければばならないので, 次の図 2 のように, A が 辺 PQ 上, B が QR 上, C が PS 上にあるとしても一般性を失わないことになります。

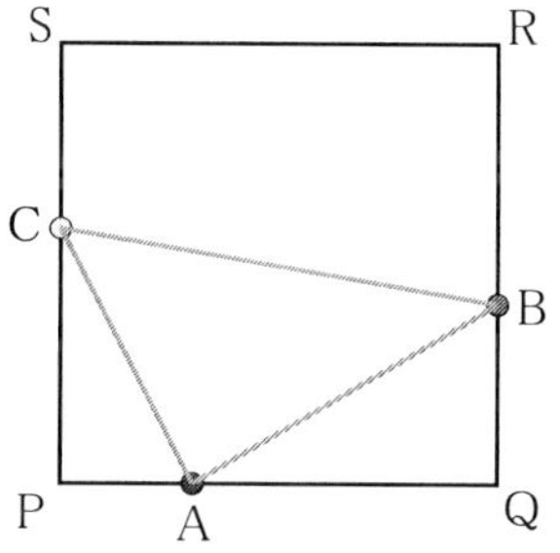

図 2

次に, この状態から 線分 BC を A から遠ざける方向に平行移動します。すると, いずれ B は R あるいは C は S に到達します。

次の図 3 は $\mathrm{BQ} < \mathrm{CP}$ の場合の図ですが, この場合は C が先に正方形の頂点 S に到達します。

[1]一つの辺に 2 人以上いると, $m(\mathrm{A},\mathrm{B},\mathrm{C})$ は 1 以下になるから, 少なくとも $m(\mathrm{A},\mathrm{B},\mathrm{C})$ が最大の場合ではないといえるからです。

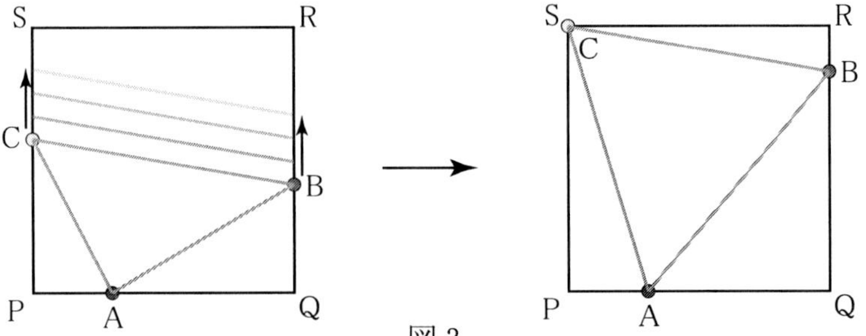

図3

さて, このとき, 3 つの線分 AB, BC, CA の長さはどのように変化するかを考えましょう。まず, BC は平行移動しているだけなので長さは変わりません。それ以外の AB と AC は長くなります[2]。

では, この変化で $m(\mathrm{A}, \mathrm{B}, \mathrm{C})$ の値はどう変化するでしょうか? これは, AB, AC の長さは増加する一方で, BC の長さは変わらないので,

- 仮に, BC の長さが AB, BC, AC の長さの最小値であれば, AB, AC が増えても $m(\mathrm{A}, \mathrm{B}, \mathrm{C})$ は変化しない。
- AB の長さが AB, BC, AC の長さの最小値であれば, AB, AC が増えたとき $m(\mathrm{A}, \mathrm{B}, \mathrm{C})$ は増加する。AC の長さが最小の場合も同様。

となります。

したがって, この平行移動の操作で $m(\mathrm{A}, \mathrm{B}, \mathrm{C})$ の値は「減らない」(非減少な) ので, $m(\mathrm{A}, \mathrm{B}, \mathrm{C})$ が最大になる場合は, 3 点 A, B, C の 1 つが正方形の頂点にある場合にしぼって考えればよいということになります。なお, $m(\mathrm{A}, \mathrm{B}, \mathrm{C})$ を最小にする A, B, C の位置が複数あったとしても, その中の一つは A, B, C の一つが正方形の頂点にある場合ということになります。

[2] AB, AC については, 直角三角形の「底辺」の長さは変わらないで, 「高さ」だけ大きくなったと考えればよいのです。

STEP 2

点 A が正方形の頂点にある場合を考える

3 点 A, B, C のうち少なくとも一つが正方形の頂点にある場合を考えればよいから, ここで A が P にあるとしても一般性を失いません。そこで, 以下 A が P にある場合を考えていくことにします。さらに, B, C は, 「A, B, C は正方形の同じ辺上にはない」ので, 次の図 4 のように, B が QR 上, C が RS 上にあるように設定しておきます。

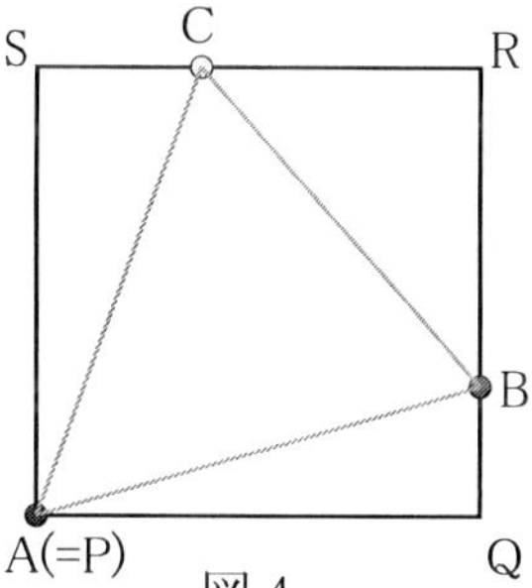

図 4

ここからが数値を用いた計算になります。まず, $\mathrm{BQ} = x$, $\mathrm{CS} = y$ とおきます。

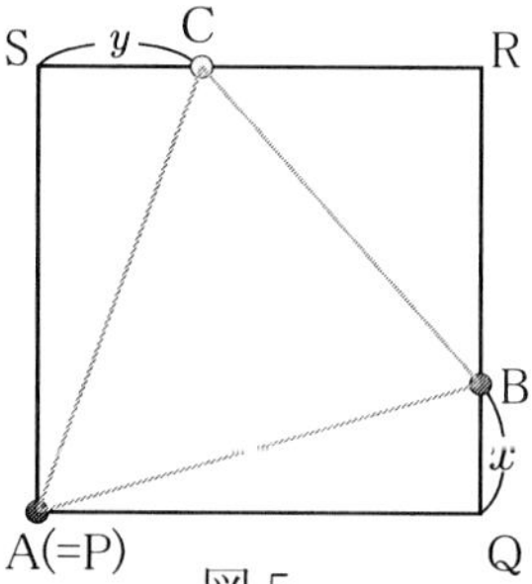

図 5

ここで, x, y は, $0 < x < 1$, $0 < y < 1$ を満たす実数です。このとき,

$$\mathrm{AB}^2 = 1 + x^2, \quad \mathrm{AC}^2 = 1 + y^2, \quad \mathrm{BC}^2 = (1-x)^2 + (1-y)^2$$

となるので, これから求めるのは,

「x, y が $0 < x < 1$, $0 < y < 1$ を変化するときのこの 3 つの数値

$$1 + x^2,\ 1 + y^2,\ (1 - x)^2 + (1 - y)^2$$

の最小値を最大にする x, y」

となります。

ここからは, 計算操作になります。このように, x と y がお互いを気にせず動けるときは, まず, どちらか一つの文字を定数と考えます。まず, x を固定して y を $0 < y < 1$ の範囲で動かしてみます。このとき, 3 つの関数 $z = 1 + x^2$, $z = 1 + y^2$, $z = (1 - x)^2 + (1 - y)^2$ のグラフを描くと次のようになります。

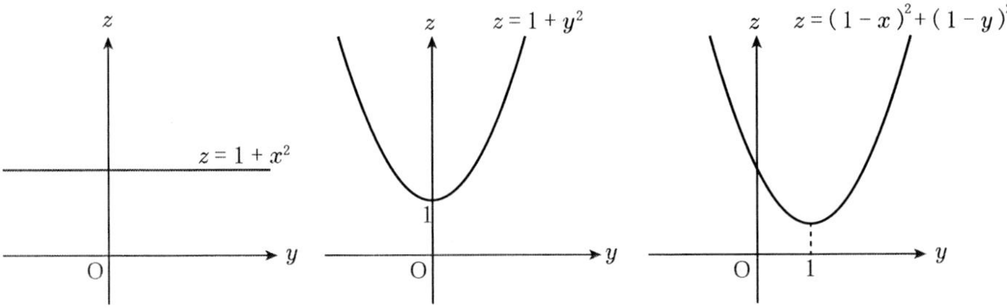

x を定数と見ているので, $z = 1 + x^2$ は放物線ではなく, 直線であることにも注意してください。それ以外の関数のグラフは放物線です。

次に, これらを 1 つの図にまとめて描くと, 次のいずれかのようになります。

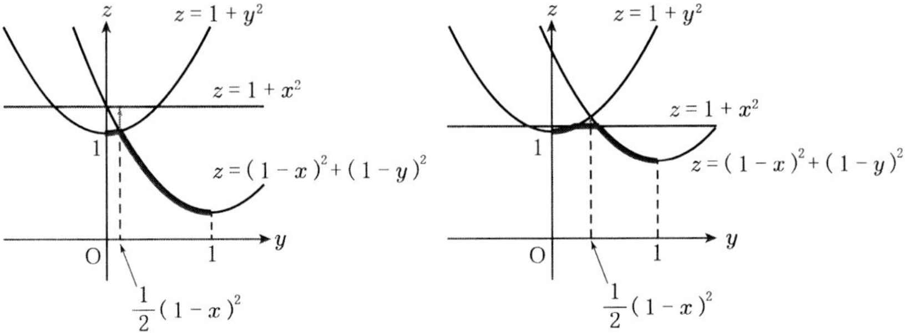

このように, 3 つの関数のグラフを重ねた場合, $z=1+x^2$ の値がその最大値になる場合と $z=1+y^2$ と $z=(1-x)^2+(1-y)^2$ の交点の z 座標, すなわち, $z=1+\dfrac{(1-x)^4}{4}$ が最大値になる場合があります。これらの場合分けをするのは面倒なので, x を定数と見たときの「3 つの値の最小値」の最大値を $M(x)$ とおくと, これは,

$$M(x)=\min\left\{1+x^2,\ 1+\frac{(1-x)^4}{4}\right\}$$

と表せます。ここで, $\min\{a,b\}$ は a と b の小さい方で $a=b$ のときはその値を表します。

次に x を変化させます。これは, $z=1+x^2$ と $z=1+\dfrac{(1-x)^4}{4}$ のグラフを重ねて描くことで $M(x)$ の最大値がわかります。

$z=1+\dfrac{(1-x)^4}{4}$ のグラフのグラフについては, $z=\dfrac{x^4}{4}$ のグラフを x 軸方向に 1, z 軸方向に 1 だけ平行移動したと考えます。

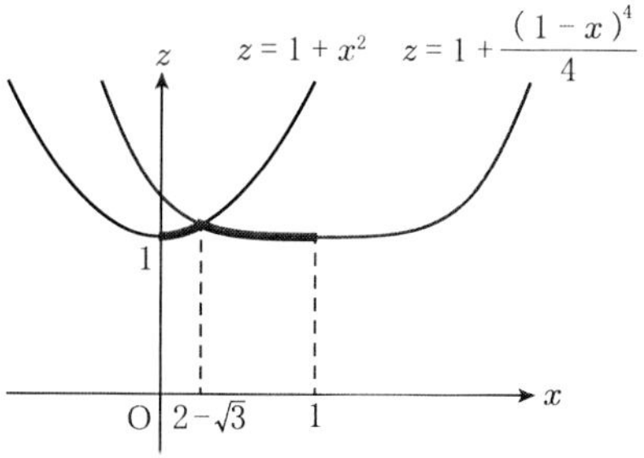

この図からわかるように, 2 つのグラフの交点で z は最大になりますが, このとき, 方程式

$$1+x^2=1+\frac{(1-x)^4}{4}$$

を $0 < x < 1$ のもとで解くと,

$$x = \frac{(1-x)^2}{2}$$

$$x^2 - 4x + 1 = 0$$

$0 < x < 1$ より,

$$x = 2 - \sqrt{3}$$

となります。そのときの y の値は, $M(x)$ が $z = 1+x^2$ 上で最小になっていることを考えると, $z = 1+x^2$ と $z = 1+y^2$ の交点 ($z = 1+x^2$ と $z = (1-x)^2+(1-y)^2$ の交点でもよい), すなわち, $1+x^2 = 1+y^2$ より, ($0 < x < 1$, $0 < y < 1$ も考えて) $x = y$ のときと考えてよいので, そのときの y は x と同じ $2-\sqrt{3}$ となります。この $2-\sqrt{3}$ は $\tan 15^\circ$ なので, $m(\mathrm{A}, \mathrm{B}, \mathrm{C})$ を最大にするには, B は $\angle \mathrm{BPQ} = 15^\circ$, C は $\angle \mathrm{CPS} = 15^\circ$ になる位置にあるとよいということになります。

したがって, $\angle \mathrm{BAC} = 60^\circ$ となるので …, $\mathrm{AB} = \mathrm{AC}$ も考えると, **$\triangle \mathrm{ABC}$ は正三角形**になります。

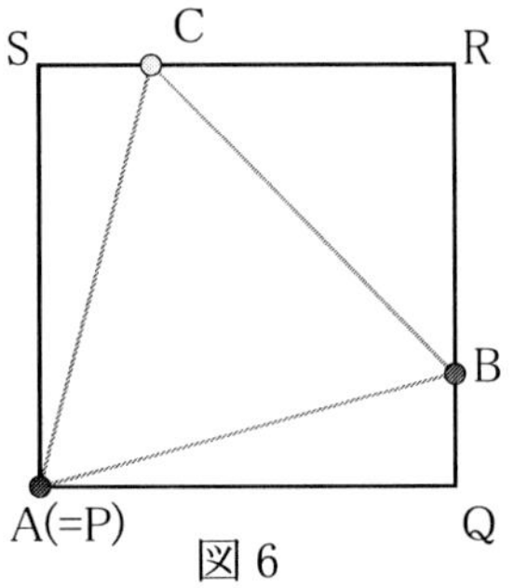

図 6

なお, $M(x)$ の最大値は,

$$\begin{aligned} M(2-\sqrt{3}) &= 1 + (2-\sqrt{3})^2 \\ &= 8 - 4\sqrt{3} \end{aligned}$$

となり, これは距離の 2 乗を表すので, 3 人が最も離れるときの距離は,

$$\sqrt{8-4\sqrt{3}} = 2\sqrt{2-\sqrt{3}} = \sqrt{6}-\sqrt{2} = 1.035\ldots$$

となります。これは, 辺の長さの 4 %分も増えたことになりません。

注

この結論を 3 点 A, B, C を周上に正三角形になるようにおき, そこから点を移動させたときの各辺の長さの増減を考えていく方法もありますが, ここでは, 計算を主体とする方法を選びました。

☆────────────────────────☆

補 足

正方形の部屋に 4 人, 5 人入る場合についても簡潔に説明しましょう。エレベータの中などで実践してみてはどうでしょうか。

以下において, 2 点間の距離の最小値を m とおくこととします。

1 4 人の場合

正方形の部屋に 4 人が入る場合 m が最大になる場合は, 次のように, 4 人が正方形の頂点にある場合で, このとき, 正方形の 1 辺の長さを 1 とすると, $m=1$ となります。(4 人を A, B, C, D としています。)

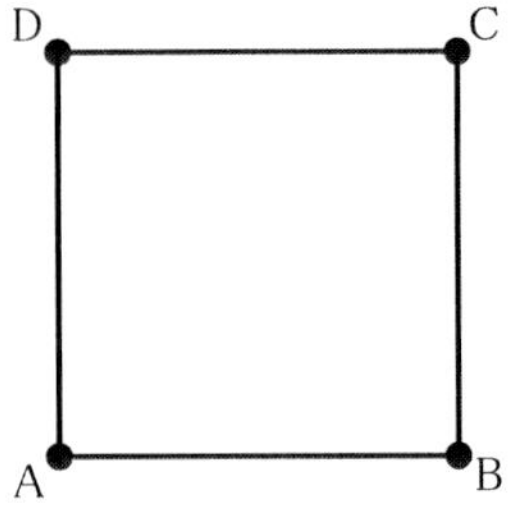

2　5 人の場合

正方形の部屋に 5 人が入る場合は, 図 1 のように正方形の辺上に 5 人が並ぶよりも 図 2 のように中央に一人をおいた方が m の値は大きく, このとき m は最大です。

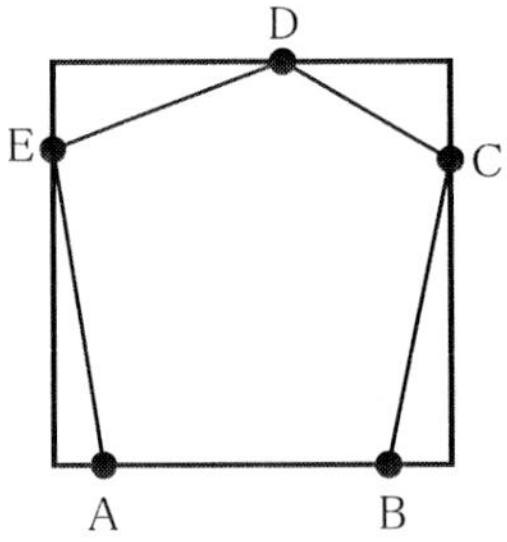

図 1

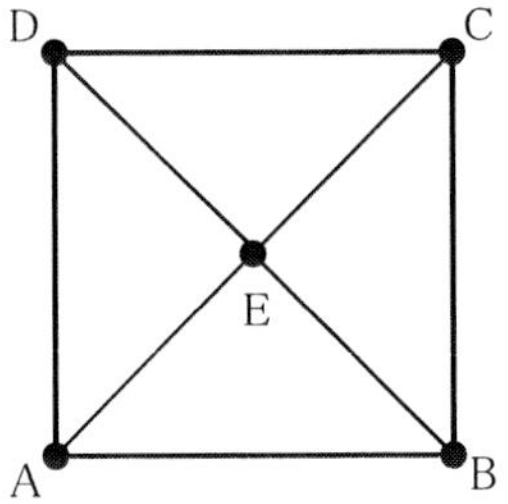

図 2

正方形の 1 辺の長さを 1 とするとき, 図 2 の場合は $m = \dfrac{1}{\sqrt{2}}$ となりますが, これが m の最大値であることは次のように示せます。

まず, 次の図のように, 正方形の 4 頂点を P, Q, R, S とし, PQ, QR, RS, SP の中点を順に K, L, M, N とします。

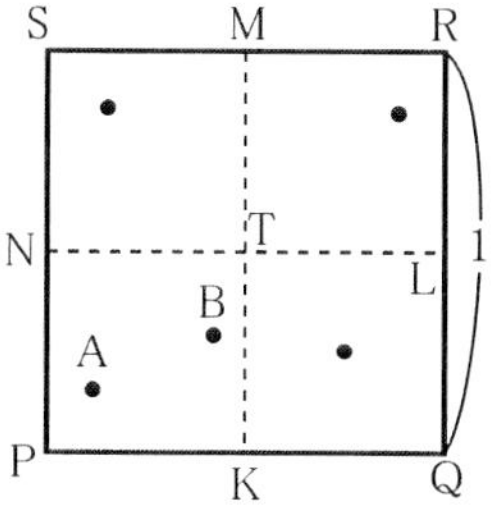

ここで, 4 つの正方形 PKTN, QLTK, RMTL, SNTM ができますが, 5 点あれば少なくとも 2 点はこの 4 つ正方形の中の同じものの周または内部にあります。この 2 点を A, B とし, A, B は正方形 PKTN の周または内部にあるものとします。このとき, AB の長さの最大値は正方形 PKTN の対角線の長さですので,

$$\mathrm{AB} \leq \mathrm{PT} = \frac{1}{\sqrt{2}}$$

となります。したがって, 5 点のうち, 2 点間の距離が $\frac{1}{\sqrt{2}}$ 以下である点の組が存在するので, $m \leq \frac{1}{\sqrt{2}}$ となります。そして, 図 2 のように点を配置すれば, $m = \frac{1}{\sqrt{2}}$ となるので m の最大値は $\frac{1}{\sqrt{2}}$ となるのです。

☆―――――――――――――――――――――――――――――――――☆

2.3　まとめ

正方形の部屋に離れて座りたい状況はいろいろとあります。例えば,

- ヘッドホンから音が漏れる。あるいは独り言がうるさい。
- 近くによると臭い人 (タバコ, 香水等) がいる。
- せまい部屋の場合, 荷物の多い人たちがいる。

など様々です。もちろん, このようなケースは閉ざされた空間であればよいので, 部屋に限らず, エレベータの中などもあてはまります。

このような正方形の形をした部屋において, なるべくお互いが離れて座るには次のようにします。以下の配置図は, 座り方の一例です。

2 人の場合

2 人の場合は正方形の対角線の端と端に座ります。

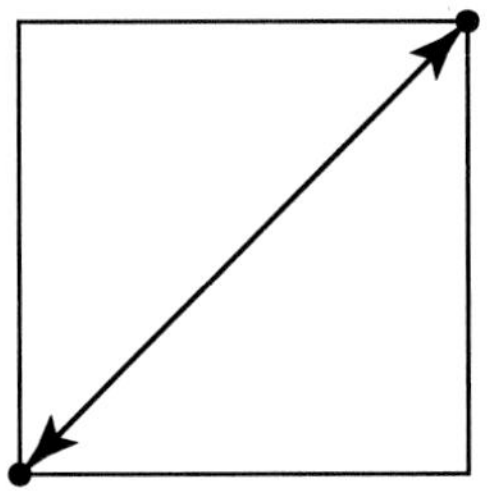

2 人の場合

3 人の場合

3 人の場合は, 一人が正方形の頂点に移動し, 残りの 2 人は正三角形になるように, 壁から 15° 分離れた図のような位置に座ります。

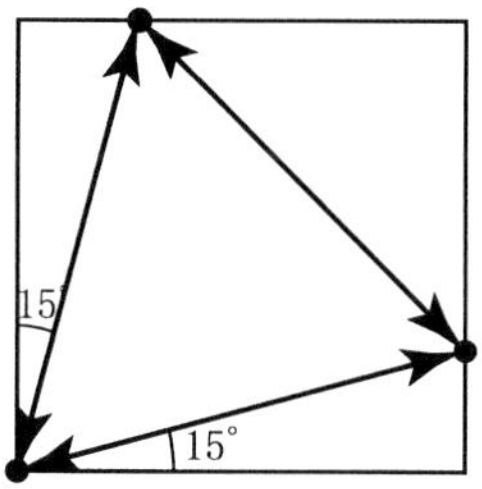

3 人の場合

4 人の場合

4 人の場合は, 正方形の各頂点に座ります。

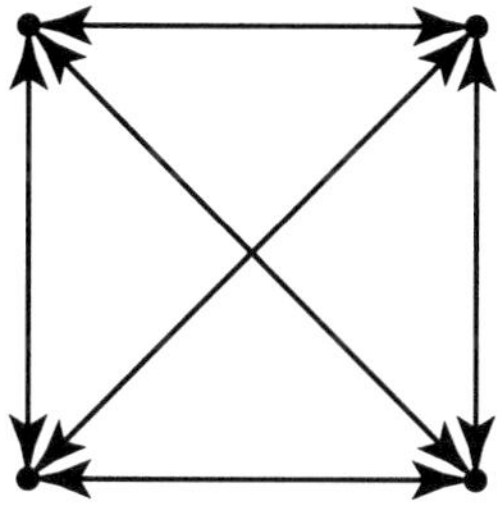
4 人の場合

5 人の場合

5 人の場合は, 4 人が正方形の頂点に座り, 残りの一人が正方形の中央に座ります。

5 人の場合

第3章　カレンダーの中の数学

3.1　偶然の一致から何を見つけるか

地球が太陽の周りを 1 周する時間が, 地球が自転する時間のちょうど整数倍ではないことは驚くことではありませんが, この端数が暦にいくつもの影響を及ぼします。どのような影響があるのかを見つめてみましょう。

1 年は 365 日ピッタリではありません。しかし, 「ピッタリ」ではないのですが, このとき現れる端数がほぼ $\dfrac{1}{4}$ であることから 4 年に一度の閏年が必要になります。一方, 平常年 (閏年ではない年) では, 1 年は 365 日ですが, 365 は 7 で割ると 1 日余るため次の年の同じ日までに 2 月 29 日がない場合は, 次の年の曜日は一つあとの曜日になります。さらに,

「X 年と $X+n$ 年のカレンダーは一致する」(ただし, $1901 \leq X \leq 2099-n$)

が成り立つ最小の自然数 n は 28 となります。したがって, 28 年分のカレンダーを用意しておくと繰り返し使えるということになります。

3.2　理論編

3.2.1　太陽年と恒星年

暦を作るとき, 1 年は, 365.2422 日として計算します。この数値を見たときに, 「1 年は 365.2564 日では? 」と考える人もいるでしょう。1 年を 365.2564 日というのは, **恒星年**と呼ばれるものです。これに対して, 暦を作るときに使う 365.2422 日を**太陽年**といいます。まずは, この違いを説明しましょう。その前に, **春分点**を理解しておく必要があります。春分点とは, 地球の公転軌道上で, 1 日の中の

(昼の時間の長さ)<(夜の時間の長さ) から

(昼の時間の長さ)>(夜の時間の長さ)

となる点[1]となる点を指します。地球上にいる人間にとっては, 春分点から次の春分点を地球が通るまでの時間を 1 年と感じます。しかし, 本当はそのときは

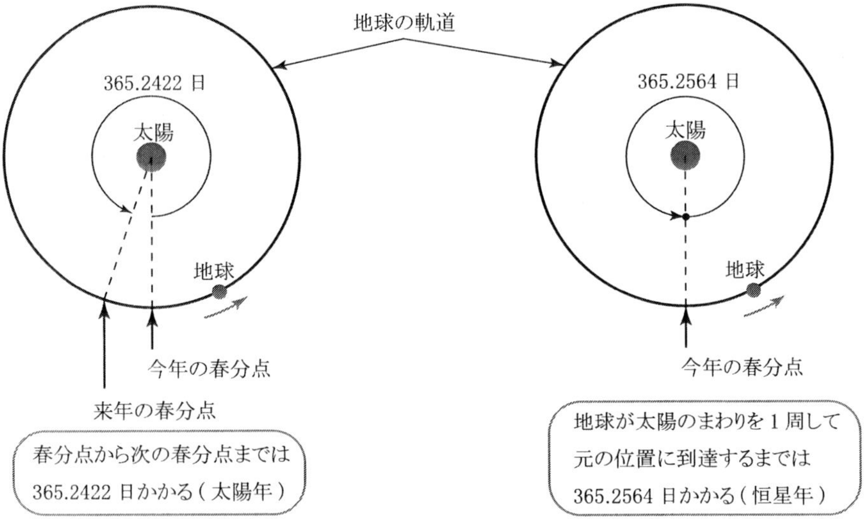

[1] したがって, このとき夜の時間の長さと昼の時間の長さが等しくなる。

まだ太陽の周りを完全に 1 周はしないのです。実際は, 20 分くらい足りないのです。

これは, 地球の歳差運動というのが原因ですが, この歳差運動とは, コマを回したときに軸もまわる運動のことをいいます。地球の地軸もコマのように動いているのですが, 地球の場合は, 地軸が回るまで 25800 年くらいかかります。

以下は, 1 年を 365.2422 日として考えます。

3.2.2 閏年

1 年は, 365.2422 日ですが, この小数部分 0.2422 に近い分数として, $\frac{1}{4}$ があります。したがって, 1 年を 365 日とすると, 1 年に約 $\frac{1}{4}$ 日だけ太陽年からずれていきます。これを 4 年続けると 4 年でほぼ 1 日分だけずれることになるので, 閏年が必要になります。これは, たまたま太陽年の小数部分が $0.2422 \fallingdotseq \frac{1}{4}$ という偶然によるものです。この太陽年は, 100 年でおよそ 0.532 秒変化し, これは, 日に直すと, 365.242189 . . . の小数第 6 位が動く程度です。だから私たちが生きている間は, つねに 365.2422 日であるとしてもかまわないのです。しかし, 1000 万年単位で考えるとこの誤差は無視できません。例えば, 9 億年前の先カンブリア紀には, 1 日は 18 時間で, 1 年は 480 日くらいということが, サンゴや貝の化石の縞模様からわかっています。

こう考えると, 私たちは偶然に 1 年が 365.2422 日の時代に生まれたので, およそ 4 年に 1 度の閏年という覚えやすい状況になっています。これが, もしも 1 年が 365.1428 日であったとすると, 0.1428 はおよそ $\frac{1}{7}$ ですので, 7 年に 1 度閏年を設けることになります。今の 4 年に 1 度の閏年なら, 西暦が 4 の倍数のときに閏年で, 4 の倍数かどうかは西暦の下 2 桁で判断できますから, 簡単に判断できますが, 7 の倍数の判断は少し手間がかかります。

さらに, 1 年が 365.2856 日, すなわち, 1 年で, 0.2856 日すなわち, およそ $\frac{2}{7}$ 日ずれるとなると, 7 年で 2 回閏年を入れることになりさらに複雑になります。

さて, 太陽年の小数点以下は 2422 で, ぴったり $\frac{1}{4}$ ではないので, 4 年に 1 回閏年を入れ続けると,

$$0.2422 \times 4 - 1 = -0.0312$$

となって, 0.0312 日分だけ正確な 1 年より遅れていきます。

正確な 1 年 (=365.2422 日) と暦の上での 1 年の比較

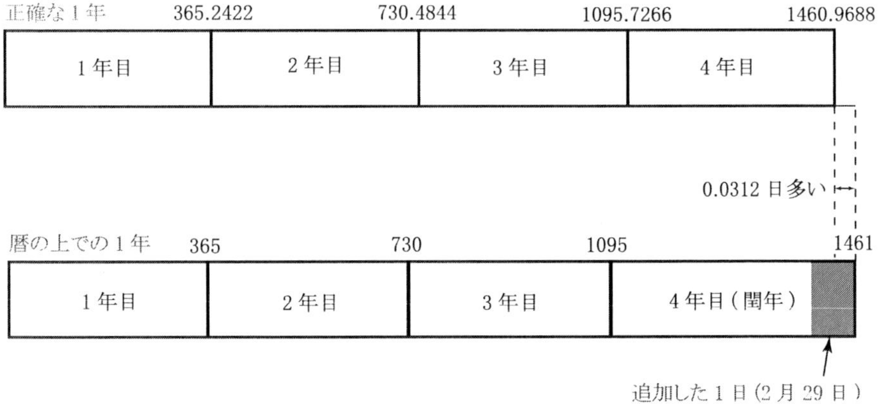

(注 : 図の横の長さは正確ではありません)

これは, 次のようにもいえます。

☆――――――――――――――――――――☆

365.2422 日の場合は, 365 日経過してその 0.2422 日後に本当の 1 年が過ぎるということだったのに対し, 4 年に 1 度閏年を入れると今度は 4 年目の終わりは, 逆に春分点を通過した 0.0312 日後になる。

☆――――――――――――――――――――☆

この影響を考えて, 0.0312 日のずれが積もる 100 年に 1 度は閏年ではなく, 1

年を通常の 365 日にします。ところで,

$$0.0312 \times 25 = 0.78 \text{ 日}$$

となるので, 100 年分のずれは 1 日分には達していません。これは, 124 年に一度にすると紛らわしいので, 100 年に一度にするのですが, そうすると, また誤差が発生し, そのため, 400 年に 1 度, もう 1 度閏年を復活させます。

これまでを整理すると, 次のようになります。

西暦 X 年が閏年かどうかは,

- X が 4 の倍数ではないときは, 例外なく閏年ではない。
- X が 4 の倍数のときは原則閏年である。
- X が 4 の倍数であっても 100 の倍数なら閏年ではない。
- X が 100 の倍数であっても 400 の倍数なら閏年である。
(この例外のため, 2000 年は閏年でした。)

で判定できます。ここから, 次のこともわかります。

(a) 閏年のときの干支は, 必ず, 子 (ねずみ), 辰 (たつ), 申 (さる) のいずれかです。逆に, 子, 辰, 申年は 1900 年から 2100 年の間では必ず閏年です。

(b) 1900 年に行なわれたパリオリンピックは, 2020 年までは, 唯一つの「閏年ではない年に行なわれた夏のオリンピック」になります。

3.2.3　カレンダーと曜日の関係

今度はカレンダーと曜日の関係を考えてみましょう。

まず, 1 年の 12 ヵ月の曜日を, 7 を法とする合同式の問題に帰着させます。そこで, 次のように, 曜日と数字を対応させておきます。

日	月	火	水	木	金	土
0	1	2	3	4	5	6

最初に, 1 月 1 日が日曜日である閏年ではない年 (通常年と呼ぶことにする) のカレンダーをご覧ください。

1月

日	月	火	水	木	金	土
1	2	3	4	5	6	7
8	9	10	11	12	13	14
15	16	17	18	19	20	21
22	23	24	25	26	27	28
29	30	31				

2月

日	月	火	水	木	金	土
			1	2	3	4
5	6	7	8	9	10	11
12	13	14	15	16	17	18
19	20	21	22	23	24	25
26	27	28				

3月

日	月	火	水	木	金	土
			1	2	3	4
5	6	7	8	9	10	11
12	13	14	15	16	17	18
19	20	21	22	23	24	25
26	27	28	29	30	31	

4月

日	月	火	水	木	金	土
						1
2	3	4	5	6	7	8
9	10	11	12	13	14	15
16	17	18	19	20	21	22
23	24	25	26	27	28	29
30						

5月

日	月	火	水	木	金	土
	1	2	3	4	5	6
7	8	9	10	11	12	13
14	15	16	17	18	19	20
21	22	23	24	25	26	27
28	29	30	31			

6月

日	月	火	水	木	金	土
				1	2	3
4	5	6	7	8	9	10
11	12	13	14	15	16	17
18	19	20	21	22	23	24
25	26	27	28	29	30	

7月

日	月	火	水	木	金	土
						1
2	3	4	5	6	7	8
9	10	11	12	13	14	15
16	17	18	19	20	21	22
23	24	25	26	27	28	29
30	31					

8月

日	月	火	水	木	金	土
		1	2	3	4	5
6	7	8	9	10	11	12
13	14	15	16	17	18	19
20	21	22	23	24	25	26
27	28	29	30	31		

9月

日	月	火	水	木	金	土
					1	2
3	4	5	6	7	8	9
10	11	12	13	14	15	16
17	18	19	20	21	22	23
24	25	26	27	28	29	30

10月

日	月	火	水	木	金	土
1	2	3	4	5	6	7
8	9	10	11	12	13	14
15	16	17	18	19	20	21
22	23	24	25	26	27	28
29	30	31				

11月

日	月	火	水	木	金	土
			1	2	3	4
5	6	7	8	9	10	11
12	13	14	15	16	17	18
19	20	21	22	23	24	25
26	27	28	29	30		

12月

日	月	火	水	木	金	土
					1	2
3	4	5	6	7	8	9
10	11	12	13	14	15	16
17	18	19	20	21	22	23
24	25	26	27	28	29	30
31						

ここから, 各月の最初の日に先ほどの曜日をあてはめた数字を対応させると次のようになります。なお, 表の右端の数字は翌年のものです。

表 1：通常年の場合

月	1	2	3	4	5	6	7	8	9	10	11	12	(1)
数字	0	3	3	6	1	4	6	2	5	0	3	5	(1)

この数字は同時に 1 月のカレンダーとどれだけずれているかを表していることになります。0 から 6 までが一通り出てくることが確認できますね。なお, 閏年の場合は次のようになります。

表 2：閏年の場合

月	1	2	3	4	5	6	7	8	9	10	11	12	(1)
数字	0	3	4	0	2	5	0	3	6	1	4	6	(2)

この場合も 0 から 6 まで現れますが, 当然通常年と異なります。それは, 2 月 29 日があることによるものですから, そこから後ろの差は変わりません。

カレンダーの規則性を考える場合, 閏年の 2 月 29 日の存在が厄介なものになります。これを解消するために 3 月を年の始めとして基準を作った方がわかりやすくなりますが, 3 月を 1 年の始まりとするものをここでは「**カレンダー年度**」あるいは簡単に「年度」と呼ぶことにしましょう。例えば, 2021 年度は, 2021 年の 3 月から 2022 年の 2 月末日までを指します。

さて, 3 月 1 日を 0 とするとこの年度における月の最初の人の曜日は次のように表せます。年度で考えることにしたので, 1 月と 2 月は翌年のものです。

表 3：3 月スタートの場合

月	3	4	5	6	7	8	9	10	11	12	1	2	(3)
数字	0	3	5	1	3	6	2	4	0	2	5	1	(1 または 2)

この表で, 最後の (1 または 2) は, 翌年が通常年なら 1 で閏年なら 2 ということを表します。これから先は, 表 3 を使うことにします。

まず, 表3の4月から12月までの偶数月に注目してください。

月	3	**4**	5	**6**	7	**8**	9	**10**	11	**12**	1	2	(3)
数字	0	**3**	5	**1**	3	**6**	2	**4**	0	**2**	5	1	(1 または 2)

この表は, 7を法とした表だから, 4月と6月を $3 \equiv 10 \pmod 7$, $1 \equiv 8 \pmod 7$ より次のように変えてみましょう。

月	3	**4**	5	**6**	7	**8**	9	**10**	11	**12**	1	2	(3)
数字	0	**10**	5	**8**	3	**6**	2	**4**	0	**2**	5	1	(1 または 2)

ここからわかるように, 偶数月は, 10, 8, 6, 4, 2 のように並び, これは公差 -2 の等差数列です。したがって, 毎月最初の月の曜日が2つずつずれていく6月から12月までの偶数月は2ヵ月前の同じ日の2つ前の曜日になります。しかし, これでは覚えにくいので, 4月から12月までの偶数月については,「2ヵ月後の月は今の月よりも2加えた日付と同じ曜日である」と覚えると便利です。具体的には,

4月4日, 6月6日, 8月8日, 10月10日, 12月12日は同じ曜日

がいえます。

しかし, 奇数月については, 残念ながら7月と8月が31日までである月が続くので, 偶数月のようにうまくはいきません。しかし, 3月から7月までの奇数月と9月から翌年の1月までならば偶数月のように「等差数列」が現れるので,

3月3日, 5月5日, 7月7日は同じ曜日

9月9日, 11月11日, 1月13日は同じ曜日　(1月は13月と考える)

がいえます。

カレンダーには, 前の月と次の月のカレンダーがその紙面に載っているものは多いのですが, 離れた月のカレンダーは載っていないことがあるので, この覚

え方は役に立つかもしれません。

n 月 n 日の曜日とカレンダー

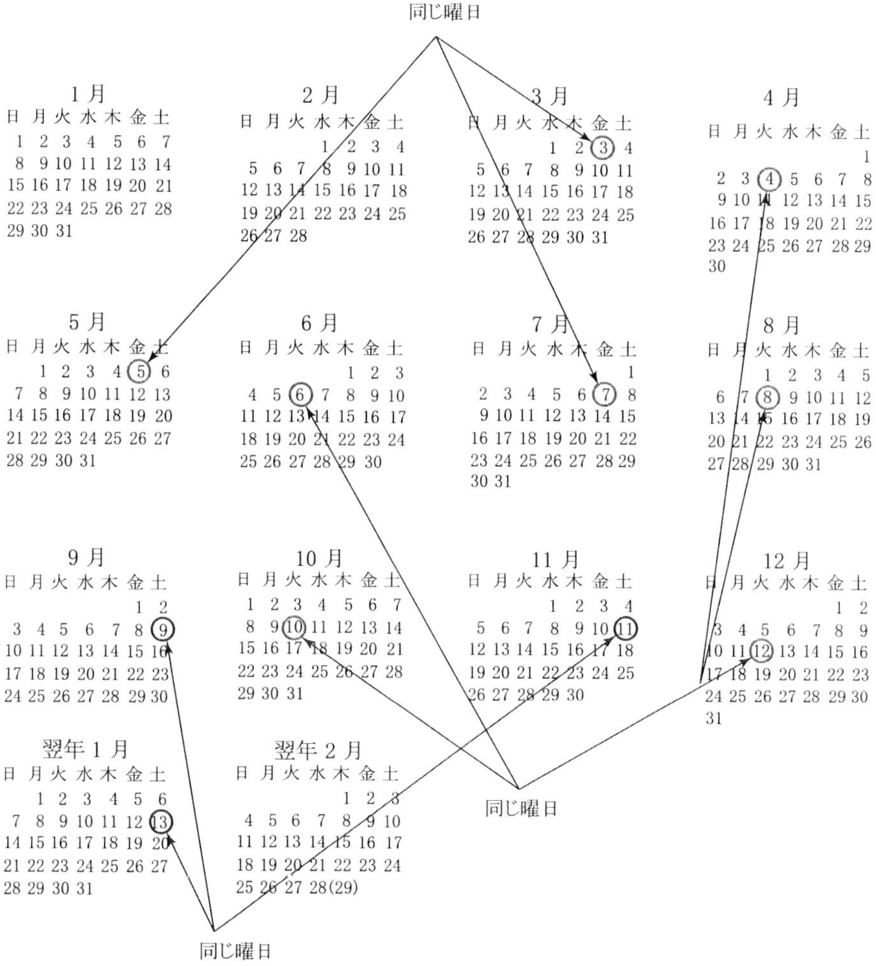

3.2.4　カレンダーは 28 年周期

これまでのように曜日を 0 から 6 までの整数と対応させます。すなわち, 次のような対応関係でした。

日	月	火	水	木	金	土
0	1	2	3	4	5	6

次に, $(2000+n)$ 年度 (カレンダー年度) の 3 月 1 日の曜日に上の数値をあてはめたものを x_n と表すことにします。例えば, 2021 年の 3 月 1 日は, 月曜なので, $x_{21}=1$ となります。このとき, 次が成り立ちます。

- $(2000+n)$ 年度に 2 月 29 日がなければ ($(2000+n+1)$ 年が閏年でなければ),

  $$x_{n+1} \equiv x_n + 1 \pmod 7$$

  である。

- どの年度も 4 年後の同じ日まで 2 月 29 日を一度通過するから,

  $$x_{n+4} \equiv x_n + 5 \pmod 7$$

  である。

- $x_0 = 3$ である。

さらに, 2000 年が閏年であったことも考慮すると, ここから,

$$x_n \equiv 3 + \left[\frac{5}{4}n\right] \pmod 7$$

が成り立ちます。これが, $(2000+n)$ 年の 3 月 1 日が何曜日であることを表す式です。

例えば, 2030 年は,

$$
\begin{aligned}
3+\left[\frac{5}{4}\times 30\right] &= 3+[\,37.5\,]=40 \\
&\equiv 5 \pmod 7
\end{aligned}
$$

ですので, $x_{30}=5$, すなわち, 2030 年の 3 月 1 日は, 金曜日です。また,

$$
\begin{aligned}
x_{n+28} &\equiv 3+\left[\frac{5}{4}(n+28)\right] \pmod 7 \\
&= 3+\left[\frac{5}{4}n+35\right] \\
&= 3+\left[\frac{5}{4}n\right]+35 \\
&\equiv x_n \pmod 7
\end{aligned}
$$

となるので, どの年も 28 年後のカレンダーは同じものということになります。

逆に, $1\leq k\leq 27$ を満たす整数 k については, $x_{n+k}\equiv x_n \pmod 7$ を満たさない整数 n が存在するので (p. 42 の資料で確認してください), 27 年以下のカレンダーの周期は存在しません。したがって,

カレンダーの周期は 28 年である

がいえました。

3.3　まとめ

この章の話の要点と結果は次のようになります。

1. 閏年の法則

- 1 年は 365.2422 日である。この数字の小数部分が「奇跡的」に $\frac{1}{4}$ に近いことから, 現在の「4 年に 1 度は閏年」が設定されている。
- 閏年の干支は必ず, 子 (ねずみ), 辰 (たつ), 申 (さる) のいずれかに限る。これ以外の干支の年が閏年になることはない。

2. $\boldsymbol{n}$ 月 $\boldsymbol{n}$ 日の法則

- 4 月 4 日, 6 月 6 日, 8 月 8 日, 10 月 10 日, 12 月 12 日の曜日はすべて同じである。
- 3 月 3 日, 5 月 5 日, 7 月 7 日の曜日はすべて同じである。
- 9 月 9 日, 11 月 11 日, 翌年の 1 月 13 日の曜日はすべて同じである。

3. カレンダーの周期性

- カレンダーは 28 年周期で繰り返す。よって, X 年と $X+28$ 年のカレンダーはどの X に対しても同じものである。ただし, $1901 \leq X < X+28 \leq 2099$ の範囲のことである。

3.4 関連資料

次のページの表は, 1993 年から 2052 年までの 1 月および 3 月の最初の日の曜日を記したものです。例えば 1993 年は 1 月 1 日が金曜日で 3 月 1 日が月曜日です。

1993 年と 1999 年の 1 と 3 の位置は同じですが, それならば, 次の 6 年後である 2005 年も同じかといえばそうではありません。次に 1993 年と同じカレンダーになるのは, 2010 年です。

「どの年も n 年後のカレンダーは一致する」といえる最小の自然数 n は 28, すなわち, カレンダーは 28 年周期で繰り返されことは説明しましたが, この表でもそれが確認できます。この法則が続くのは, 次の例外年である 2100 年 (この年は閏年ではない) の前の年の 2099 年までとなります。

1月1日と3月1日の曜日表

年	日	月	火	水	木	金	土	閏年
1993		3				1		
1994			3				1	
1995	1			3				
1996		1				3		○
1997				1			3	
1998	3				1			
1999		3				1		
2000				3			1	○
2001		1			3			
2002			1			3		
2003				1			3	
2004		3			1			○
2005			3				1	
2006	1			3				
2007		1			3			
2008			1				3	○
2009	3				1			
2010		3				1		
2011			3				1	
2012	1				3			○

年	日	月	火	水	木	金	土	閏年
2013			1			3		
2014				1			3	
2015	3				1			
2016			3			1		○
2017	1			3				
2018		1			3			
2019			1			3		
2020	3			1				○
2021		3				1		
2022			3				1	
2023	1			3				
2024		1				3		○
2025				1			3	
2026	3				1			
2027		3				1		
2028				3			1	○
2029		1			3			
2030			1			3		
2031				1			3	
2032		3			1			○

年	日	月	火	水	木	金	土	閏年
2033			3				1	
2034	1			3				
2035		1			3			
2036			1				3	○
2037	3				1			
2038		3				1		
2039			3				1	
2040	1				3			○
2041			1			3		
2042				1			3	
2043	3				1			
2044			3			1		○
2045	1			3				
2046		1			3			
2047			1			3		
2048	3			1				○
2049		3				1		
2050			3				1	
2051	1			3				
2052		1				3		○

第4章　体感時間と絶対時間

4.1　人生を計画的に設計したい

みなさんは「子供のころの 1 年は長く感じたけれど, 大人になってからの 1 年は短く感じる」ということはないでしょうか。人生を楽しむには絶対時間よりも体感時間の方が重要かもしれません。では, みなさんは今, 人生のどの位置にいるのでしょうか。

この体感時間について述べたもので有名なものにジャネの法則というものがあります。それは,

人が感じる時間の長さは, 人が生きてきた時間に反比例する

というものです。しかし, この法則をそのまま信じると, 80 歳まで生きる人でも 10 代のうちに人生の折り返しを迎え, 30 歳で 70%, 40 歳で 80%を終えてしまいます。せっかく, 老後の 20 年間はゆっくり人生を楽しもうと思っていても, 老後の 20 年はこの法則によると人生の 8 % (6 年程度) しかないことになります。

ここでは, どうやってその折り返し地点を求めることができるのかということと, もう少し肌感覚にあったものはないのかということを考えます。あくまでも数学のモデルとして楽しむことを目的としていますので, 医学的な見地から述べているわけではないことに注意してください。

4.2 理論編

4.2.1 ジャネの法則

体感時間に関するものとしては有名なジャネの法則というものがあります。それは，フランスの心理学者ジャネ (Paul Janet:1823 – 1899) が提唱したとするもので，

人が感じる時間の長さは，人が生きてきた時間に反比例する

というものです。

まず，最初にいくつか設定しておきましょう。まず，生まれてから経過した絶対時間を t (年) とします。次に，体感相対年齢を定義します。これは，「その人が生きた絶対時間 t に対する実際の体感時間」の「生まれてから死ぬまでの時間 (これを 1 とする)」に対する割合として定義します。そして，この絶対年齢 t に対する体感相対年齢を $T(t)$ で表すことにします。

例えば，80 歳が寿命だとして，さらに，もしも時間が一生を通じて同じ速さで進んでいくとすれば，$T(40) = \dfrac{1}{2}$ ということになります。でも，ジャネの法則では，最初の 40 年は時間がゆっくり過ぎ，残りの 40 年は速く過ぎるから $T(40) > \dfrac{1}{2}$ ということになります。これは，最初の 40 年は時間がゆっくりと過ぎていたから，もしも時計など時間を計るものがなければ体は 40 年よりも長いと認識します。したがって，体が一生を通じて感じる全体を 1 としたときの相対時間 $T(40)$ は $\dfrac{1}{2}$ より大きいことになるのです。

次に，ジャネの法則をこの $T(t)$ を用いて表してみましょう。まず，生まれてから t 年後に感覚的に感じる時間の長さは t に反比例するのだから，時間 t に対する $T(t)$ の値は反比例することになります。つまり，同じ 1 年でも歳をとった人には短く感じ，若い人には長く感じます。ということは，逆に自分がある時間 1 と思っていた時間は実際は歳をとった人は短く，若い人は長く感じます。こ

のように, 歳をとった人には短く感じるから時間が速く進むように感じるのです。そして, 感覚的な時間の進む速さは, 実際に生きた時間に反比例するから,

$$\frac{dT}{dt} = \frac{k}{t} \tag{4.1}$$

が成り立ちます。ただし, k は正の定数で後で決めることとします。

ところが, 式 (4.1) のままでは困ったことが起こります。それは, (4.1) の両辺を 0 から t まで積分すると,

$$\int_0^t \frac{dT}{dx}\,dx = \int_0^t \frac{k}{x}\,dx \tag{4.2}$$

となりますが, 右辺の積分は広義積分で,

$$T(t) - T(0) = \lim_{\varepsilon \to +0} \Big[k \log x \Big]_{\varepsilon}^{t}$$

となり, $T(t)$ は, 生まれたときは 0 だから $T(0) = 0$ であることも考えると,

$$T(t) = k \log t - k \lim_{\varepsilon \to +0} \log \varepsilon = +\infty$$

となっておかしなことになります。 つまり, ジャネの法則の通りだと, 生まれたばかりのときは実際に生きた時間は 0 に近いから, 感覚的な時間としては無限に長く感じるということでおかしなことになるのです。

そこで, このままではよくないので, ジャネの法則に若干修正を加えます。それは, 人は, 0 歳のときの記憶はまずないであろう, せいぜい 2 歳くらいからではないかと考え, 仮に 2 歳から記憶が残るとし, 2 歳からが体感した時間だと考えます。ここから, 先ほどの (4.2) を次のように変更します。

$$T(t) = \int_2^t \frac{k}{x}\,dx$$

この場合,

$$\begin{aligned} T(t) &= \int_2^t \frac{k}{x}\,dx = k(\log t - \log 2) \\ &= k \log \frac{t}{2} \end{aligned}$$

となります。さらに, $T(t)$ にはもう一つ条件があって, 一生を終えるときは $T(t)=1$ となるという約束ですので, 例えば, 人間の寿命から m 歳の場合は, $T(m)=1$ となるように k を決めます。実際,

$$k\log\frac{m}{2}=1 \quad \text{なので,} \quad k=\frac{1}{\log\frac{m}{2}}$$

ということになります。したがって,

$$T(t)=\frac{\log\frac{t}{2}}{\log\frac{m}{2}} \tag{4.3}$$

となります。実際, 人間の寿命が 80 歳とすると, $m=80$ なので, 式 (4.3) は,

$$T(t)=\frac{\log\frac{t}{2}}{\log 40}$$

となります。

これが, 記憶が 3 歳から残る場合であれば, 同じようにして,

$$T(t)=\frac{\log\frac{t}{3}}{\log\frac{80}{3}}$$

となります。記憶が 4 歳から残る場合であれば,

$$T(t)=\frac{\log\frac{t}{4}}{\log 20}$$

となります。

これらから得られる数値を表で表したものが次のページにあります。これは, 80 歳が寿命の人の N 歳時の体感相対年齢で, $T_2(N)$ は 2 歳から記憶が始まる場合, $T_3(N)$ は 3 歳から, $T_4(N)$ は 4 歳からです。人生の $\frac{1}{4}$, $\frac{3}{4}$ に相当する部分を数値の後の (★) で, $\frac{1}{2}$ に相当する部分を数値の後の (■) で記してあります。

ジャネの定理に基づく体感相対年齢表

年齢 N	$T_2(N)$	$T_3(N)$	$T_4(N)$	$N/80$
1	0	0	0	0.0125
2	0	0	0	0.025
3	0.109915521	0	0	0.0375
4	0.187901825	0.087616743	0	0.05
5	0.248392701 (★)	0.155577570	0.074487147	0.0625
6	0.297817346	0.211105608	0.135347578	0.075
7	0.339605288	0.258053895 (★)	0.186804339	0.0875
8	0.375803649	0.298722351	0.231378213 (★)	0.1
9	0.407732867	0.334594472	0.270695156	0.1125
10	0.436294526	0.366683177	0.305865361	0.125
11	0.462131689	0.395710942	0.337680680	0.1375
12	0.485719171	0.422211215	0.366725791	0.15
13	0.507417551 (■)	0.446589103	0.393444704	0.1625
14	0.527507112	0.469159502	0.418182552	0.175
15	0.546210047	0.490172041	0.441212939	0.1875
16	0.563705474	0.509827959 (■)	0.462756426	0.2
17	0.580139902	0.528291855	0.482993422	0.2125
18	0.595634692	0.545700079	0.502073370 (■)	0.225
19	0.610291506	0.562166847	0.520121451	0.2375
20	0.624196351	0.577788785	0.537243574	0.25
21	0.637422634	0.592648367	0.553530131	0.2625
22	0.650033514	0.606816550	0.569058893	0.275
23	0.662083721	0.620354824	0.583897256	0.2875
24	0.673620995	0.633316823	0.598104005	0.3
25	0.684687227	0.645749611	0.611730721	0.3125
26	0.695319375	0.657694711	0.624822917	0.325
27	0.705550213	0.669188944	0.637420948	0.3375
28	0.715408937	0.680265110	0.649560766	0.35
29	0.724921669	0.690952558	0.661274536	0.3625
30	0.734111872	0.701277649	0.672591152	0.375
31	0.743000702	0.711264151	0.683536664	0.3875
32	0.751607299 (★)	0.720933566	0.694134639	0.4
33	0.759949035	0.730305414	0.704406471	0.4125
34	0.768041726	0.739397463	0.714371635	0.425
35	0.775899814	0.748225936 (★)	0.724047913	0.4375
36	0.783536517	0.756805687	0.733451583	0.45
37	0.790963968	0.765150346	0.742597585	0.4625
38	0.798193331	0.773272455	0.751499665 (★)	0.475
39	0.805234897	0.781183575	0.760170495	0.4875
40	0.812098175	0.788894392	0.768621787	0.5

年齢 N	$T_2(N)$	$T_3(N)$	$T_4(N)$	$N/80$
41	0.818791973	0.796414799	0.776864383	0.5125
42	0.825324458	0.803753974	0.784908344	0.525
43	0.831703224	0.810920446	0.792763017	0.5375
44	0.837935338	0.817922157	0.800437106	0.55
45	0.844027393	0.824766513	0.807938730	0.5625
46	0.849985546	0.831460431	0.815275469	0.575
47	0.855815556	0.838010383	0.822454417	0.5875
48	0.861522820	0.844422430	0.829482218	0.6
49	0.867112400	0.850702261	0.836365105	0.6125
50	0.872589052	0.856855218	0.843108934	0.625
51	0.877957248	0.862886327	0.849719214	0.6375
52	0.883221200	0.868800319	0.856201130	0.65
53	0.888384880	0.874601656	0.862559574	0.6625
54	0.893452038	0.880294551	0.868799161	0.675
55	0.898426215	0.885882983	0.874924254	0.6875
56	0.903310762	0.891370718	0.880938979	0.7
57	0.908108852	0.896761319	0.886847243	0.7125
58	0.912823493	0.902058166	0.892652749	0.725
59	0.917457538	0.907264464	0.898359011	0.7375
60	0.922013697	0.912383257	0.903969365	0.75
61	0.926494543	0.917417437	0.909486982	0.7625
62	0.930902527	0.922369758	0.914914877	0.775
63	0.935239980	0.927242838	0.920255922	0.7875
64	0.939509124	0.932039174	0.925512853	0.8
65	0.943712076	0.936761145	0.930688277	0.8125
66	0.947850860	0.941411021	0.935784685	0.825
67	0.951927403	0.945990973	0.940804451	0.8375
68	0.955943551	0.950503070	0.945749849	0.85
69	0.959901067	0.954949295	0.950623048	0.8625
70	0.963801638	0.959331544	0.955426126	0.875
71	0.967646881	0.963651631	0.960161074	0.8875
72	0.971438341	0.967911295	0.964829796	0.9
73	0.975177505	0.972112203	0.969434120	0.9125
74	0.978865793	0.976255954	0.973975798	0.925
75	0.982504573	0.980344083	0.978456512	0.9375
76	0.986095156	0.984378062	0.982877878	0.95
77	0.989638801	0.988359309	0.987241446	0.9625
78	0.993136721	0.992289183	0.991548708	0.975
79	0.996590080	0.996168993	0.995801099	0.9875
80	1	1	1	1

この表からは,

(1) 2 歳から記憶が始まる人は 13 歳が人生の折り返し

(2) 4 歳から記憶が始まる場合でも 18 歳が人生の折り返し

ということになります。

そこで, もう少し現実感覚に近いものを考えましょう。

4.2.2 心拍数理論

まず, 動物の寿命を取り上げてみましょう。

動物の平均寿命

動物名	平均寿命
スズメ (野生)	1.3 年
ハツカネズミ	1.5 ～ 2 年
リス	6 ～ 10 年
チーター	約 7 年
カラス	7 ～ 8 年
イヌ	約 12 年
コアラ	10 ～ 13 年
キリン (野生)	10 ～ 15 年
ネコ	10 ～ 16 年
カンガルー	12 ～ 18 年
トラ	15 ～ 20 年
ライオン	約 20 年
クマ	24 ～ 28 年
ウマ	約 25 年
サル	25 ～ 30 年
イルカ	30 ～ 50 年
サイ	40 ～ 50 年
ダチョウ	50 ～ 60 年
クジラ	約 85 年
ガラパゴスゾウガメ	100 年以上

実は, これだけ寿命は違っていても共通しているものがあります。それは, 一生に鼓動する心臓の鼓動の回数, 心拍数です。どの動物もおよそ 20 億回心拍す

ると寿命をむかえます。ただし, 人間だけは, 医療の進化などで一生の心拍数は約 40 億回くらいのようです。もしも, 人間の心拍数が 20 億回くらいなら 40 代初期に到達していることになっていて, それが生物としての本当の人間の寿命かもしれません。

さて, そこで, 仮説として 1 回の心拍がその動物の寿命を 20 億分の 1 だけ進めると考えてみます。(医学的な根拠に基づいているのではなく, あくまでも数学モデルとして考えます。)

具体的には, 若いときは, 一般に心拍数は多く, 逆に歳をとると心臓の鼓動はゆっくりとなのますので, もしも, 心拍数 1 回が同じ時間と感じているとするとどうなるかということです。もう少し, 具体的に表現すると,

小さな子は心拍数が多い。つまり, 短い時間で刻む。でもお年寄りは心拍数が少ないから長い時間で刻む。小さな子の短い時間とお年寄りの長い時間が両者同じ時間と感じる。それで, 小さな子は一日にたくさん心臓が鼓動するから, 一日が長く感じられる。逆にお年寄りは, あまり鼓動しないので, 一日の時間が短く感じる。

のようになります。実際, 次の表のようになります。

人の心拍数の変化 (回/分)

	1 分間の心拍数
新生児	120 〜 140
乳児	110 〜 130
幼児	100 〜 110
学童	80 〜 90
成人	70 〜 80

(『新訂版　根拠から学ぶ基礎看護技術』 江口正信編著 (サイオ出版) による)

次に, 実際の計算をスムーズに進めるために, t 年後の人の 1 分間の心拍数を,

$$f(t) = \frac{60(t+10)}{t+5}$$

という関数で近似することにします。これは心拍関数と呼ぶことにします。実際,

新生児	$f(0) = 120$
乳児	$f(1) = 110$
幼児	$f(5) = 90$
学童	$f(10) = 80$
成人	$f(20) = 72$

のようになるので, ほぼ表の数値と一致します。

次に, 体感相対年齢 $T(t)$ の変化が心拍数に比例すると考えると,

$$\frac{dT}{dt} = kf(t)$$

なので,

$$T(t) = \int_0^t kf(x)\,dx$$

となり,

$$\begin{aligned}
T(t) &= \int_0^t k \cdot \frac{60(x+10)}{x+5}\,dx \\
&= 60k \int_0^t \left(1 + \frac{5}{x+5}\right) dx \\
&= 60k \Big[\, x + 5\log(x+5) \Big]_0^t \\
&= 60k\,\{t + 5(\log(t+5) - \log 5)\} \\
&= 60k \left(t + 5\log\frac{t+5}{5}\right)
\end{aligned} \tag{4.4}$$

ここで, 80 歳が寿命の場合は, $T(80) = 1$ とする約束なので,

$$60k\left(80 + 5\log\frac{80+5}{5}\right) = 1$$

$$\therefore \quad 60k\,(80 + 5\log 17) = 1$$

$$\therefore \quad 60k = \frac{1}{80 + 5\log 17}$$

これを式 (4.4) に代入して,

$$T(t) = \frac{t + 5\log\dfrac{t+5}{5}}{80 + 5\log 17}$$

が得られます。そして, $80 + 5\log 17$ の値はおよそ 94.166 くらいであることも考え表を作ると次のページのようになります。

この表によると, 80 歳まで生きる人の人生の折り返し地点は, 37 歳くらいになりますから, 妥当といえるかもしれません。また, 同じ人が, 60 歳で引退して残りの 20 年 (絶対時間にして 25 %) を趣味に使おうとした場合, それは, 人生の 22.6 %分で, それは, 生まれてから 14 〜 15 歳までの体感時間に等しいということもわかります。

次のページの表の後に, 参考のため寿命が 40 歳, 60 歳, 100 歳の場合の表も載せました。

寿命 80 年の場合の心拍理論に基づく体感相対年齢表

年齢 N	体感相対年齢 $T(N)$	$\frac{N}{80}$
1	0.020300389	0.0125
2	0.03910497	0.025
3	0.056814714	0.0375
4	0.073688257	0.05
5	0.089902193	0.0625
6	0.105582479	0.075
7	0.120822119	0.0875
8	0.135691738	0.1
9	0.150246236	0.1125
10	0.164529134	0.125
11	0.178575517	0.1375
12	0.192414081	0.15
13	0.206068597	0.1625
14	0.219558978	0.175
15	0.232902069	0.1875
16	0.246112251 (★)	0.2
17	0.259201893	0.2125
18	0.272181715	0.225
19	0.285061068	0.2375
20	0.297848158	0.25
21	0.310550224	0.2625
22	0.323173685	0.275
23	0.335724259	0.2875
24	0.348207064	0.3
25	0.360626694	0.3125
26	0.372987295	0.325
27	0.385292614	0.3375
28	0.397546054	0.35
29	0.409750714	0.3625
30	0.421909422	0.375
31	0.434024767	0.3875
32	0.446099125	0.4
33	0.458134684	0.4125
34	0.470133459	0.425
35	0.482097313	0.4375
36	0.49402797	0.45
37	0.505927031 (■)	0.4625
38	0.517795982	0.475
39	0.529636209	0.4875
40	0.541449002	0.5

年齢 N	体感相対年齢 $T(N)$	$\frac{N}{80}$
41	0.553235568	0.5125
42	0.564997034	0.525
43	0.576734458	0.5375
44	0.588448831	0.55
45	0.600141085	0.5625
46	0.611812095	0.575
47	0.623462688	0.5875
48	0.635093639	0.6
49	0.646705685	0.6125
50	0.658299518	0.625
51	0.669875796	0.6375
52	0.681435139	0.65
53	0.692978137	0.6625
54	0.704505349	0.675
55	0.716017304	0.6875
56	0.727514509	0.7
57	0.738997441	0.7125
58	0.750466559 (★)	0.725
59	0.761922297	0.7375
60	0.77336507	0.75
61	0.784795274	0.7625
62	0.796213287	0.775
63	0.807619471	0.7875
64	0.81901417	0.8
65	0.830397715	0.8125
66	0.841770423	0.825
67	0.853132597	0.8375
68	0.864484527	0.85
69	0.875826492	0.8625
70	0.88715876	0.875
71	0.898481588	0.8875
72	0.909795222	0.9
73	0.921099899	0.9125
74	0.932395849	0.925
75	0.94368329	0.9375
76	0.954962433	0.95
77	0.966233483	0.9625
78	0.977496636	0.975
79	0.988752081	0.9875
80	1	1

寿命 40 年の場合の心拍理論に基づく体感相対年齢表

年齢 N	体感相対年齢 $T(N)$	$N/40$
1	0.037492707	0.025
2	0.072222812	0.05
3	0.104930868	0.075
4	0.136094548	0.1
5	0.166040001	0.125
6	0.194999860	0.15
7	0.223145888	0.175
8	0.250608528 (★)	0.2
9	0.277489173	0.225
10	0.303868201	0.25
11	0.329810409	0.275
12	0.355368797	0.3
13	0.380587268	0.325
14	0.405502599	0.35
15	0.430145902	0.375
16	0.454543733	0.4
17	0.478718940	0.425
18	0.502691322 (■)	0.45
19	0.526478149	0.475
20	0.550094574	0.5
21	0.573553969	0.525
22	0.596868188	0.55
23	0.620047793	0.575
24	0.643102235	0.6
25	0.666040001	0.625
26	0.688868745	0.65
27	0.711595389	0.675
28	0.734226219	0.7
29	0.756766957 (★)	0.725
30	0.779222826	0.75
31	0.801598608	0.775
32	0.823898693	0.8
33	0.846127118	0.825
34	0.868287608	0.85
35	0.890383601	0.875
36	0.912418284	0.9
37	0.934394612	0.925
38	0.956315332	0.95
39	0.978182999	0.975
40	1	1

寿命 60 年の場合の心拍理論に基づく体感相対年齢表

年齢 N	体感相対年齢 $T(N)$	$\frac{N}{60}$
1	0.026249426	0.0167
2	0.050564696	0.0333
3	0.073464288	0.05
4	0.095282629	0.0667
5	0.116248065	0.0833
6	0.136523465	0.1
7	0.156229087	0.1167
8	0.175456253	0.1333
9	0.194275953	0.15
10	0.212744460	0.1667
11	0.230907141	0.1833
12	0.248801101 (★)	0.2
13	0.266457078	0.2167
14	0.283900820	0.2333
15	0.301154110	0.25
16	0.318235540	0.2667
17	0.335161106	0.2833
18	0.351944671	0.3
19	0.368598324	0.3167
20	0.385132675	0.3333
21	0.401557086	0.35
22	0.417879857	0.3667
23	0.434108382	0.3833
24	0.450249277	0.4
25	0.466308485	0.4167
26	0.482291364	0.4333
27	0.498202761 (■)	0.45
28	0.514047077	0.4667
29	0.529828317	0.4833
30	0.545550139	0.5

年齢 N	体感相対年齢 $T(N)$	$\frac{N}{60}$
31	0.561215891	0.5167
32	0.576828645	0.5333
33	0.592391229	0.55
34	0.607906249	0.5667
35	0.623376115	0.5833
36	0.638803056	0.6
37	0.654189141	0.6167
38	0.669536293	0.6333
39	0.684846303	0.65
40	0.700120840	0.6667
41	0.715361463	0.6833
42	0.730569632	0.7
43	0.745746712 (★)	0.7167
44	0.760893987	0.7333
45	0.776012660	0.75
46	0.791103864	0.7667
47	0.806168667	0.7833
48	0.821208073	0.8
49	0.836223033	0.8167
50	0.851214444	0.8333
51	0.866183154	0.85
52	0.881129968	0.8667
53	0.896055645	0.8833
54	0.910960911	0.9
55	0.925846450	0.9167
56	0.940712914	0.9333
57	0.955560924	0.95
58	0.970391072	0.9667
59	0.985203918	0.9833
60	1	1

寿命 100 年の場合の心拍理論に基づく体感相対年齢表

年齢 N	体感相対年齢 $T(N)$	$\frac{N}{100}$
1	0.016590561	0.01
2	0.031958668	0.02
3	0.046432016	0.03
4	0.060221975	0.04
5	0.073472869	0.05
6	0.086287636	0.06
7	0.098742282	0.07
8	0.110894528	0.08
9	0.122789241	0.09
10	0.134461988	0.1
11	0.145941441	0.11
12	0.157251054	0.12
13	0.168410253	0.13
14	0.179435312	0.14
15	0.190339998	0.15
16	0.201136063	0.16
17	0.211833617	0.17
18	0.222441420	0.18
19	0.232967115	0.19
20	0.243417408	0.2
21	0.253798213 (★)	0.21
22	0.264114779	0.22
23	0.274371778	0.23
24	0.284573392	0.24
25	0.294723377	0.25
26	0.304825119	0.26
27	0.314881682	0.27
28	0.324895848	0.28
29	0.334870147	0.29
30	0.344806892	0.3
31	0.354708198	0.31
32	0.364576008	0.32
33	0.374412109	0.33
34	0.384218148	0.34
35	0.393995648	0.35
36	0.403746017	0.36
37	0.413470565	0.37
38	0.423170505	0.38
39	0.432846970	0.39
40	0.442501015	0.4
41	0.452133626	0.41
42	0.461745724	0.42
43	0.471338173	0.43
44	0.480911784	0.44
45	0.490467317	0.45
46	0.500005489 (■)	0.46
47	0.509526975	0.47
48	0.519032409	0.48
49	0.528522393	0.49
50	0.537997492	0.5
51	0.547458244	0.51
52	0.556905156	0.52
53	0.566338709	0.53
54	0.575759362	0.54
55	0.585167546	0.55
56	0.594563675	0.56
57	0.603948140	0.57
58	0.613321315	0.58
59	0.622683556	0.59
60	0.632035200	0.6
61	0.641376573	0.61
62	0.650707983	0.62
63	0.660029724	0.63
64	0.669342080	0.64
65	0.678645321	0.65
66	0.687939705	0.66
67	0.697225480	0.67
68	0.706502883	0.68
69	0.715772142	0.69
70	0.725033476	0.7
71	0.734287095	0.71
72	0.743533200	0.72
73	0.752771986 (★)	0.73
74	0.762003638	0.74
75	0.771228337	0.75
76	0.780446255	0.76
77	0.789657559	0.77
78	0.798862408	0.78
79	0.808060958	0.79
80	0.817253358	0.8

年齢 N	体感相対年齢 $T(N)$	$\frac{N}{100}$
81	0.826439751	0.81
82	0.835620276	0.82
83	0.844795068	0.83
84	0.853964256	0.84
85	0.863127965	0.85
86	0.872286317	0.86
87	0.881439428	0.87
88	0.890587411	0.88
89	0.899730377	0.89
90	0.908868432	0.9
91	0.918001679	0.91
92	0.927130216	0.92
93	0.936254141	0.93
94	0.945373548	0.94
95	0.954488527	0.95
96	0.963599166	0.96
97	0.972705551	0.97
98	0.981807765	0.98
99	0.990905889	0.99
100	1	1

4.3　まとめ

1　「体感相対年齢」の定義

「体感相対年齢」とは, 一生の長さに対する絶対年齢 (実際の年齢) までに体感した時間の長さの比である。ただし, 一生の長さを 1 とする。

また, 絶対年齢が t (歳) のときの体感相対年齢を $T(t)$ $(0 \leq T(t) \leq 1)$ で表し, これを体感相対年齢関数と定義する。

2　ジャネの法則

フランスの心理学者ジャネが提唱した体感時間に関する法則で次のようなものである。

ジャネの法則 : 人が感じる時間の長さは, 人が生きてきた時間に反比例する

3　ジャネの法則に基づく体感相対年齢関数

ジャネの法則をそのまま適用すると, 絶対年齢 t が 0 の付近で体感時間は限りなく長くなるので, 「人が生きてきた時間」を「人が記憶の残りだす年齢から生きてきた時間」に修正する。人の寿命を 80 歳とすると,

- 2 歳から記憶が残るとすると,　$T(t) = \dfrac{\log \dfrac{t}{2}}{\log 40}$
- 3 歳から記憶が残るとすると,　$T(t) = \dfrac{\log \dfrac{t}{3}}{\log \dfrac{80}{3}}$
- 4 歳から記憶が残るとすると,　$T(t) = \dfrac{\log \dfrac{t}{4}}{\log 20}$

となる。それぞれの場合において, 人生の $\dfrac{1}{4}, \dfrac{1}{2}, \dfrac{3}{4}$ が終わったと感じる絶対年齢を順に t_1, t_2, t_3 とすると, これらの値は次のようになる。

記憶が残りだす年齢	t_1	t_2	t_3
2 歳	5 歳	13 歳	32 歳
3 歳	7 歳	16 歳	35 歳
4 歳	8 歳	18 歳	38 歳

4 心拍数理論

人を含め動物は心臓の一拍が体内の時間を進めるとする仮説。心拍数の多い動物は速く時間が流れると感じ, 寿命は短い。逆に, 心拍数が少ない動物はゆっくりと時間が過ぎると感じる。

人の場合, 低年齢のときは心拍数が多いので時間が速く流れると感じ, 高年齢になると心拍数は減るので, 時間がゆっくり進むことになる。この心拍の回数の近似値を表す心拍関数 $f(t)$ を,

$$f(t) = \frac{60(t+10)}{t+5}$$

とし, 心拍数の回数で歳をとるとした心拍数理論による体感相対年齢 $T(t)$ は, 80 歳が寿命のとき,

$$T(t) = \frac{t + 5\log\dfrac{t+5}{5}}{80 + 5\log 17}$$

となり, これに基づいて計算した $T(t)$ の値は, 55 ページの表にある。

なお, 寿命が 40 歳の場合は 56 ページ, 寿命が 60 歳の場合は 57 ページ, 寿命が 100 歳の場合は, 58 ページにある。

4.4　関連資料

一生を通じて, 波乱に満ちた人生を送った男女を一人ずつ選び, その人の人生のどの部分で何が起こっていたかをまとめました。

1　徳川家康の生涯と体感相対年齢

徳川家康は, 1543 年 1 月 31 日 (天文 11 年 12 月 26 日) に生まれ, 1616 年 6 月 1 日 (元和 2 年 4 月 17 日) に亡くなった。生きた日数は 73 歳 4 ヵ月でこれは日数にすると 26775 日になる。この 26775 日を体感相対年齢の 1 とする。

徳川家康の一生の中で主な出来事は次の通り。

① 1543 年 1 月 31 日 (天文 11 年 12 月 26 日)
誕生。

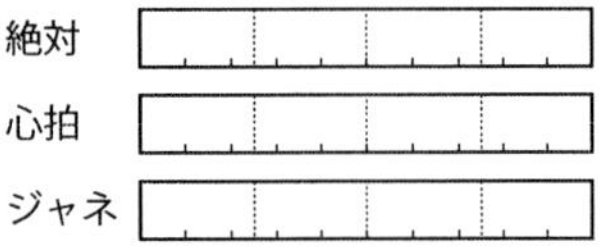

② 1549 年 4 月 3 日 (天文 18 年 3 月 6 日)
父親の松平広忠が亡くなる。

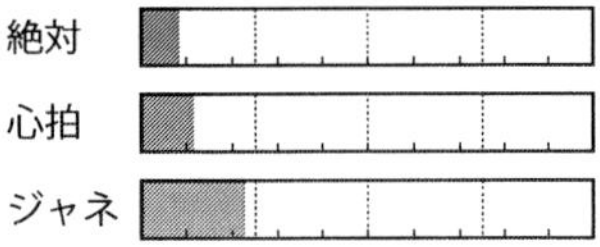

③ 1560 年 6 月 12 日 (永禄 3 年 5 月 19 日)
桶狭間の戦いで今川義元側として参加。

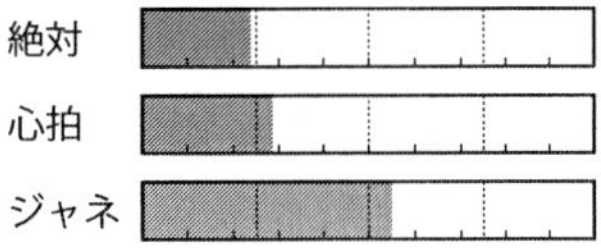

④ 1567 年 2 月 18 日 (永禄 9 年 12 月 29 日)
徳川に改姓。

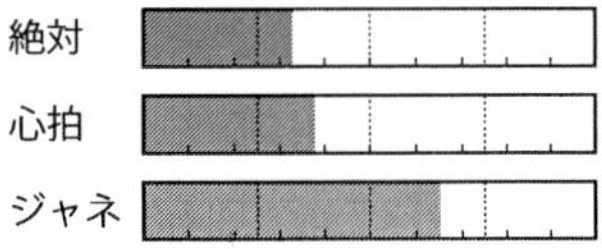

⑤ 1573 年 1 月 25 日 (元亀 3 年 12 月 22 日)

三方ヶ原の戦いで武田信玄に敗北。

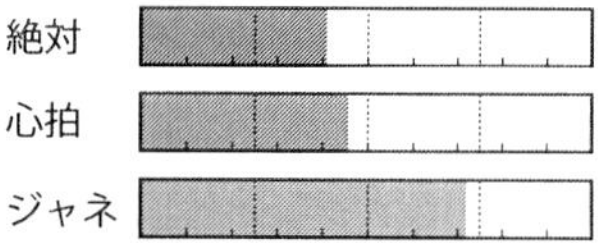

⑥ 1579 年 5 月 2 日 (天正 7 年 4 月 7 日)

江戸幕府 2 代将軍徳川秀忠誕生。

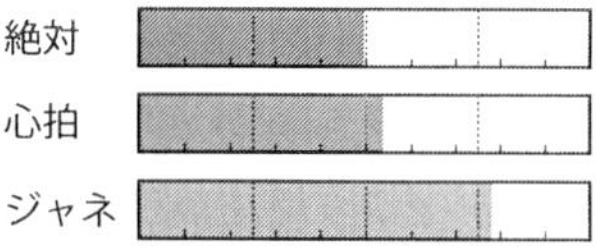

⑦ 1582 年 6 月 21 日 (天正 10 年 6 月 2 日)

本能寺の変が起こる。

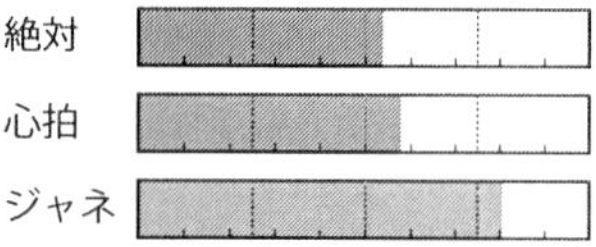

⑧ 1586 年 12 月 7 日 (天正 14 年 10 月 27 日)

大坂城において秀吉に謁見し, 秀吉の臣下となる。

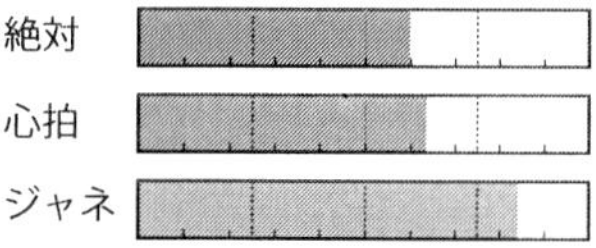

⑨ 1590 年 8 月 30 日 (天正 18 年 8 月 1 日)

北条氏の跡地の関東に移封。

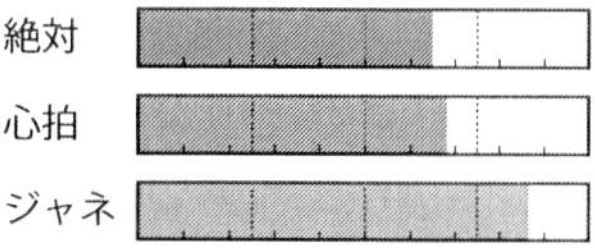

⑩ 1598 年 9 月 18 日 (慶長 3 年 8 月 18 日)

豊臣秀吉の死。

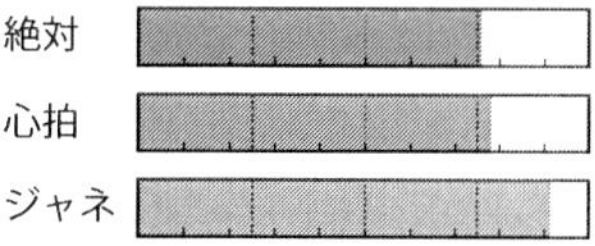

⑪ 1600 年 10 月 21 日 (慶長 5 年 9 月 15 日)

関ヶ原の戦いで勝利。

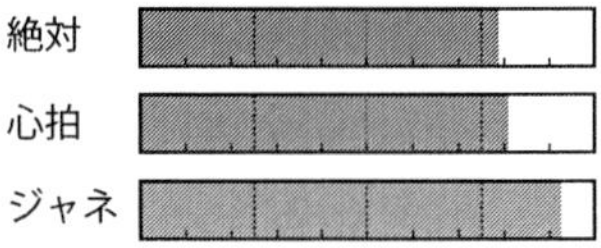

⑫ 1601 年 1 月 2 日 (慶長 5 年 11 月 28 日)

九男徳川義直誕生。

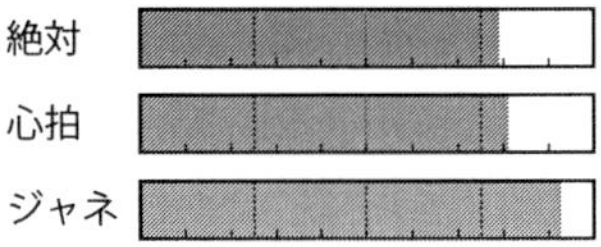

⑬ 1602 年 4 月 28 日　(慶長 7 年 3 月 7 日)

十男徳川頼宣誕生。

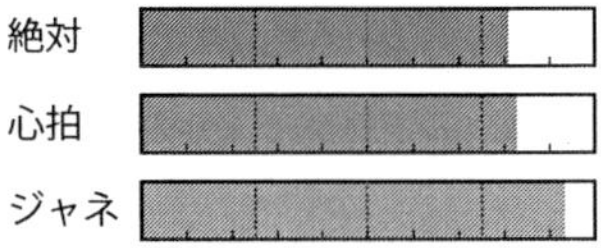

⑭ 1603 年 3 月 24 日 (慶長 8 年 2 月 12 日)

征夷大将軍に就任。

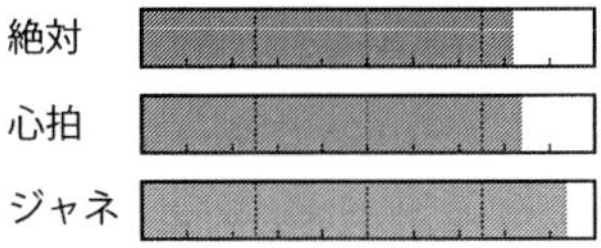

⑮ 1603 年 9 月 15 日 (慶長 8 年 8 月 10 日)

十一男徳川頼房誕生。

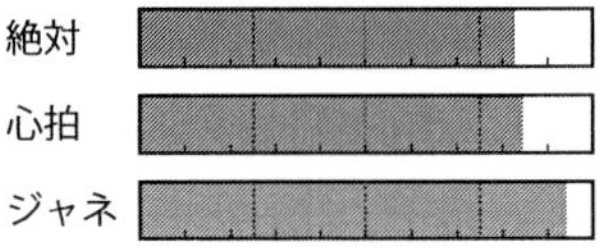

⑯ 1604 年 8 月 12 日 (慶長 9 年 7 月 17 日)

江戸幕府 3 代将軍徳川家光の誕生。

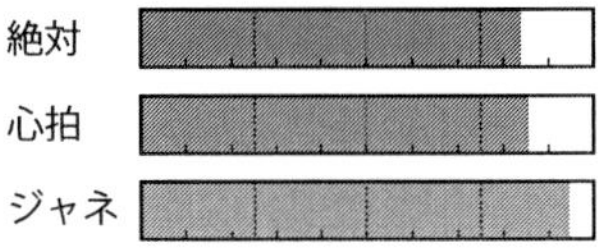

⑰ 1605 年 6 月 2 日 (慶長 10 年 4 月 16 日)

征夷大将軍の職を徳川秀忠に譲る。

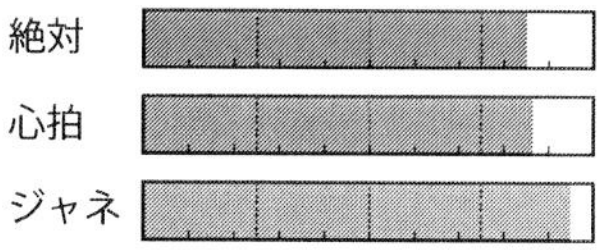

⑱ 1614 年 12 月 19 日 (慶長 19 年 11 月 19 日)

大坂冬の陣始まる。

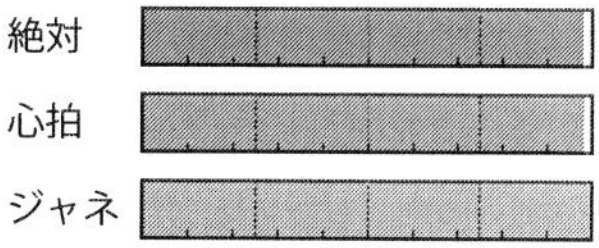

⑲ 1615 年 6 月 4 日 (慶長 20 年 5 月 8 日)

大坂夏の陣終結。(豊臣秀頼自害)

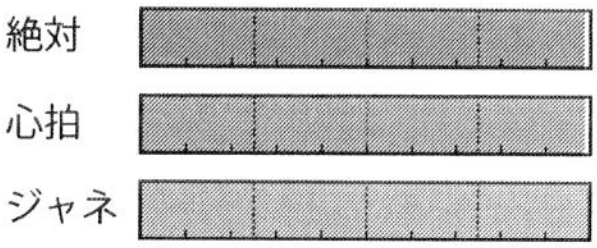

⑳ 1616 年 6 月 1 日 (元和 2 年 4 月 17 日)

死去。

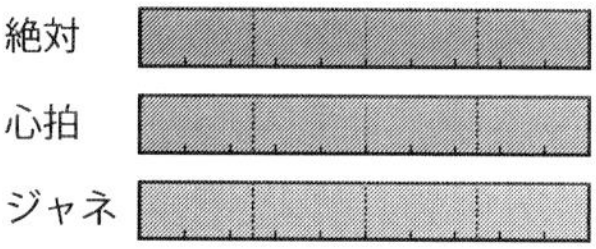

注

西暦は 1582 年 10 月 4 日まではユリウス暦, 10 月 5 日以降はグレゴリオ暦で表記した。

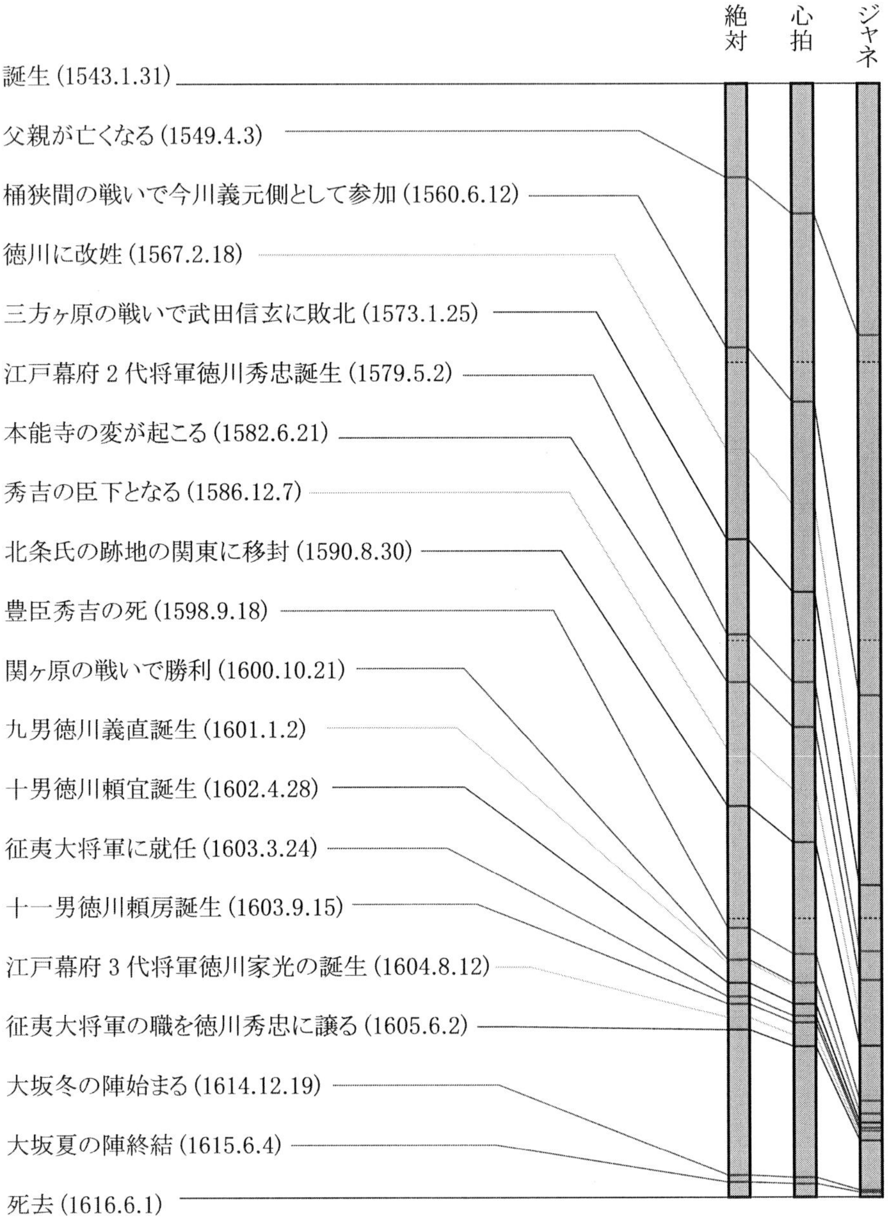
絶対
心拍
ジャネ
誕生（1543.1.31）
父親が亡くなる（1549.4.3）
桶狭間の戦いで今川義元側として参加（1560.6.12）
徳川に改姓（1567.2.18）
三方ヶ原の戦いで武田信玄に敗北（1573.1.25）
江戸幕府2代将軍徳川秀忠誕生（1579.5.2）
本能寺の変が起こる（1582.6.21）
秀吉の臣下となる（1586.12.7）
北条氏の跡地の関東に移封（1590.8.30）
豊臣秀吉の死（1598.9.18）
関ヶ原の戦いで勝利（1600.10.21）
九男徳川義直誕生（1601.1.2）
十男徳川頼宣誕生（1602.4.28）
征夷大将軍に就任（1603.3.24）
十一男徳川頼房誕生（1603.9.15）
江戸幕府3代将軍徳川家光の誕生（1604.8.12）
征夷大将軍の職を徳川秀忠に譲る（1605.6.2）
大坂冬の陣始まる（1614.12.19）
大坂夏の陣終結（1615.6.4）
死去（1616.6.1）

2 北条政子の生涯と体感相対年齢

北条政子は 1157 年 (保元 2 年) に伊豆国の豪族北条時政の子として生まれ, その後, 罪人として流されてきた源頼朝の妻となり, 頼朝亡き後は頼朝の作った鎌倉幕府を守り, 1225 年 8 月 16 日 (嘉禄元年 7 月 11 日) に亡くなった女性である。

① 1157 年 (保元 2 年)

誕生。

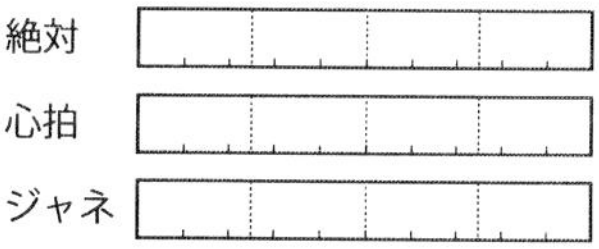

② 1177 年 (治承元年)

源頼朝と婚姻。

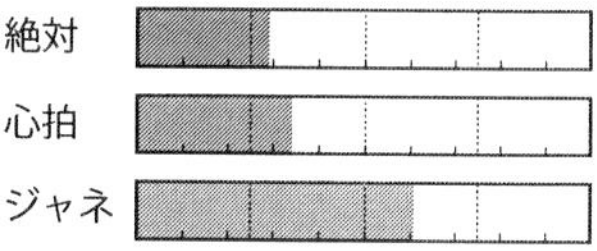

③ 1178 年 (治承 2 年)

大姫 (政子の第 1 子) 誕生。

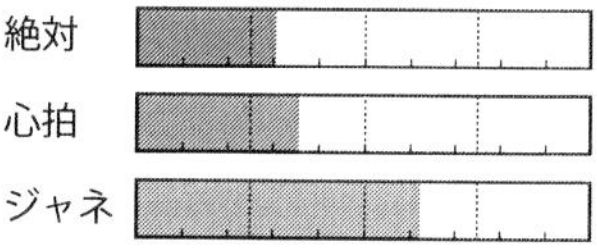

④ 1182 年 9 月 11 日 (寿永元年 8 月 12 日)

源頼家 (政子の第 2 子) 誕生。

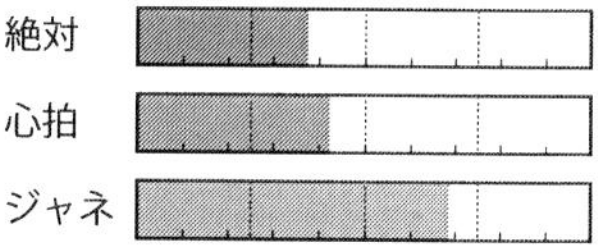

⑤ 1185 年 4 月 25 日 (寿永 4 年 3 月 24 日)

壇ノ浦の戦いで平家滅亡。

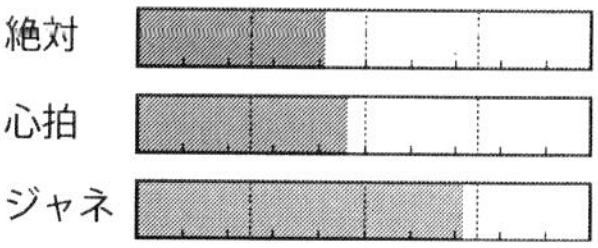

⑥ 1186 年 (文治 2 年)

三幡 (政子の第 3 子) 誕生。

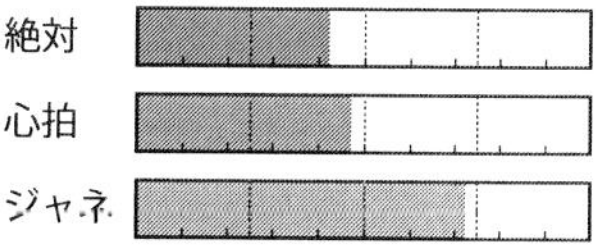

⑦ 1192 年 9 月 17 日 (建久 3 年 8 月 9 日)

源実朝 (政子の第 4 子) 誕生。

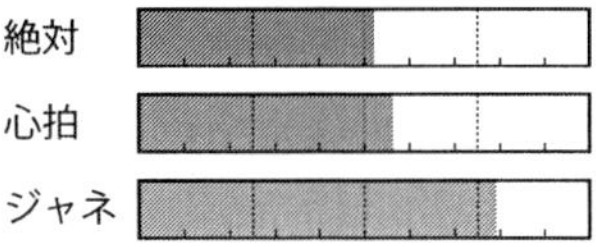

⑧ 1197 年 8 月 28 日 (建久 8 年 7 月 14 日)

大姫死去。

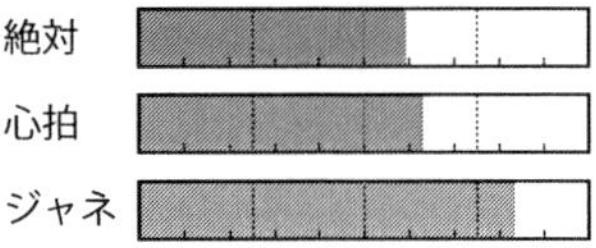

⑨ 1199 年 2 月 9 日 (建久 10 年 1 月 13 日)

源頼朝死去。

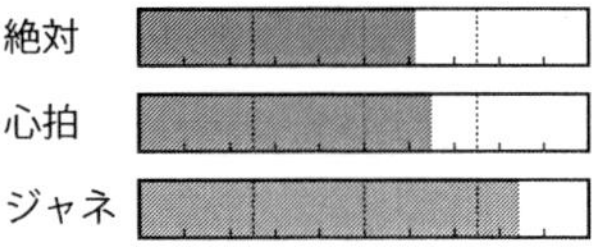

⑩ 1199 年 7 月 24 日 (正治元年 6 月 30 日)

三幡死去。

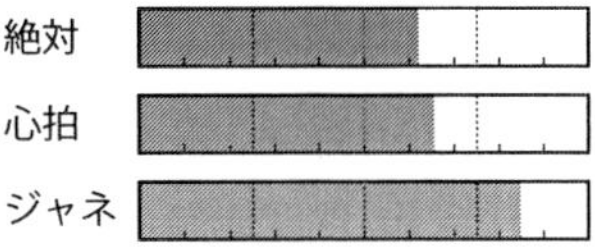

⑪ 1203 年 10 月 8 日 (建仁 3 年 9 月 2 日)

2 代将軍頼家の外戚として幕府を主導しようとする比企能員を滅ぼす。(比企能員の変)

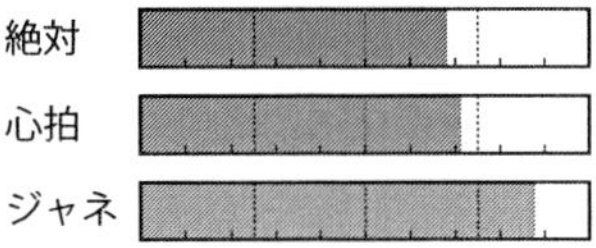

⑫ 1204 年 8 月 14 日 (元久元年 7 月 18 日)

源頼家死去。

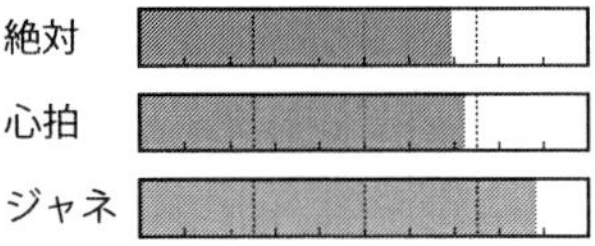

⑬ 1205 年 9 月 5 日 (元久 2 年閏 7 月 20 日)

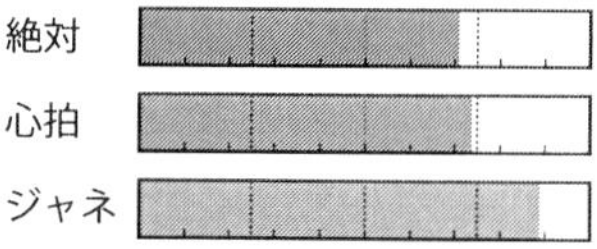

父時政とその後妻牧の方が 3 代将軍実朝を廃そうとしたため, 2 人を追放し伊豆に幽閉する。(牧氏の変) 弟義時が執権になり, ここから政子と義時による 2 人 3 脚の幕府の運営が始まる。

⑭ 1219 年 2 月 13 日 (建保 7 年 1 月 27 日)

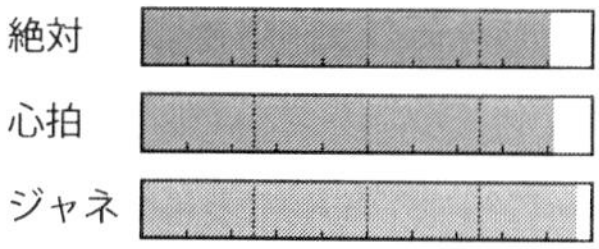

源実朝暗殺。

⑮ 1221 年 6 月 5 日 (承久 3 年 5 月 14 日)

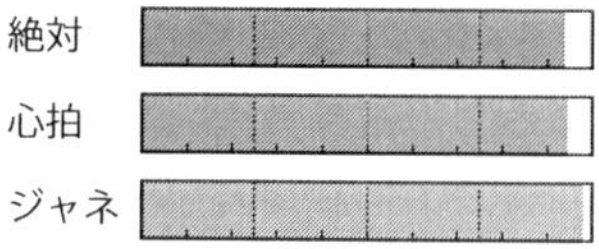

承久の乱が起こる。

⑯ 1224 年 7 月 1 日 (貞応 3 年 6 月 13 日)

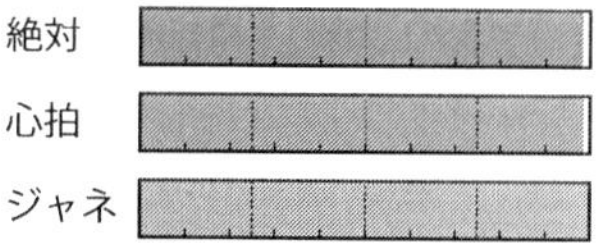

北条義時の急死。

⑰ 1224 年 7 月～ 9 月 (貞応 3 年 6 月～閏 7 月)

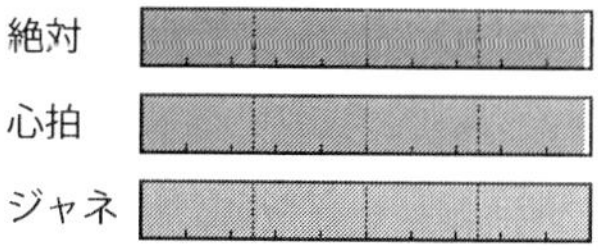

義時の後妻の伊賀の方が実子を執権にたてようとしていたことが発覚する。(伊賀氏の変)

⑱ 1225 年 8 月 16 日 (嘉禄元年 7 月 11 日)

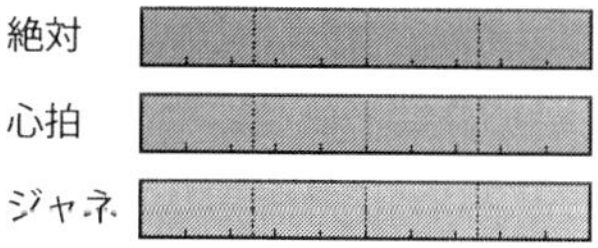

死去。

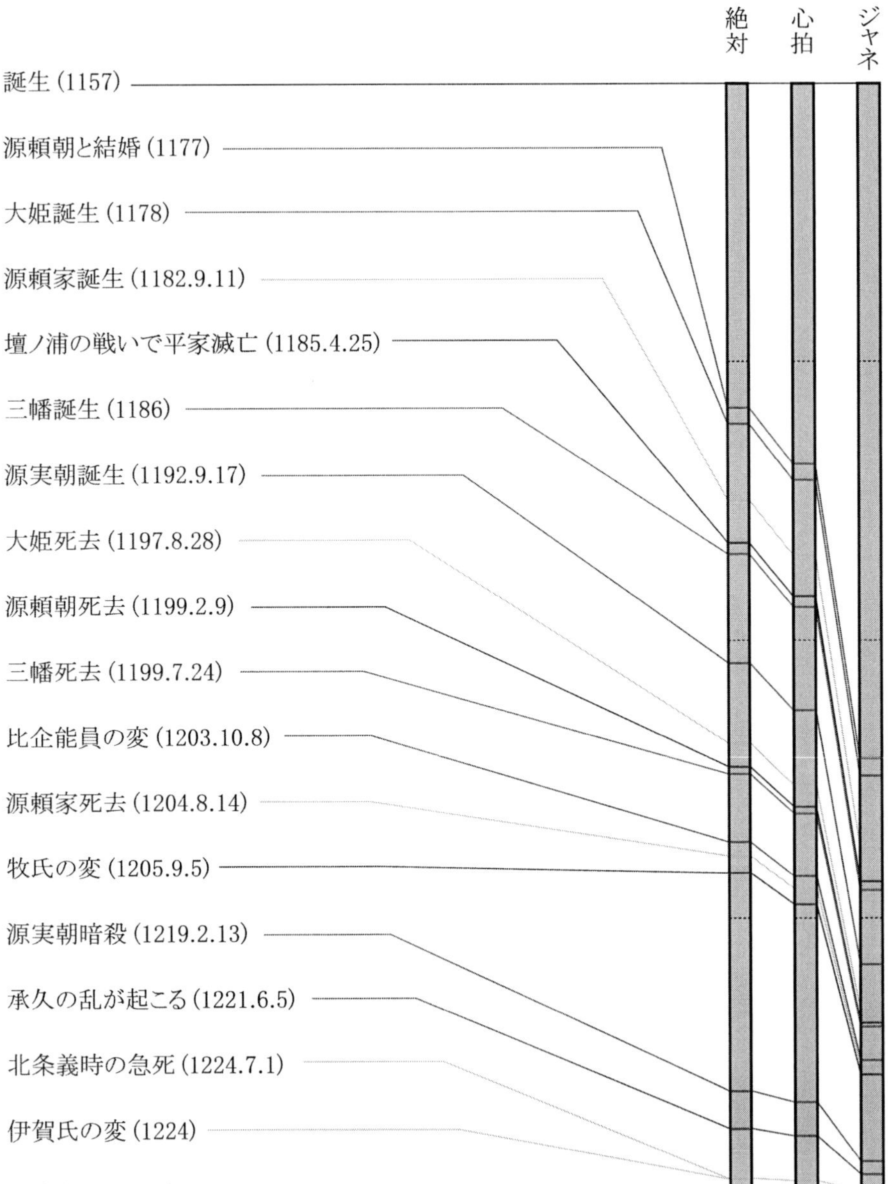
絶対
心拍
ジャネ
誕生 (1157)
源頼朝と結婚 (1177)
大姫誕生 (1178)
源頼家誕生 (1182.9.11)
壇ノ浦の戦いで平家滅亡 (1185.4.25)
三幡誕生 (1186)
源実朝誕生 (1192.9.17)
大姫死去 (1197.8.28)
源頼朝死去 (1199.2.9)
三幡死去 (1199.7.24)
比企能員の変 (1203.10.8)
源頼家死去 (1204.8.14)
牧氏の変 (1205.9.5)
源実朝暗殺 (1219.2.13)
承久の乱が起こる (1221.6.5)
北条義時の急死 (1224.7.1)
伊賀氏の変 (1224)
死去 (1225.8.16)

第5章　神経衰弱が終わるまでの回数

5.1　今から神経衰弱を始めて大丈夫?

トランプの神経衰弱はいったいどのくらいの時間で終わるのでしょうか。もちろん, メンバーの記憶力によって違いますが, 仮に, 無作為に取り出し続けるとどのくらいかかるかを求めてみましょう。

まず, 考える上での設定をしておきましょう。トランプは, ジョーカーを除く52 枚が用意されてあるとします。ここから無作為に 2 枚のカードを取り出し, 書かれている数字が一致していれば取り除き, 異なれば元に戻す操作を繰り返します。この操作によって, 52 枚のカードがすべてなくなるまでの回数の期待値 (平均値) を求めることとします。

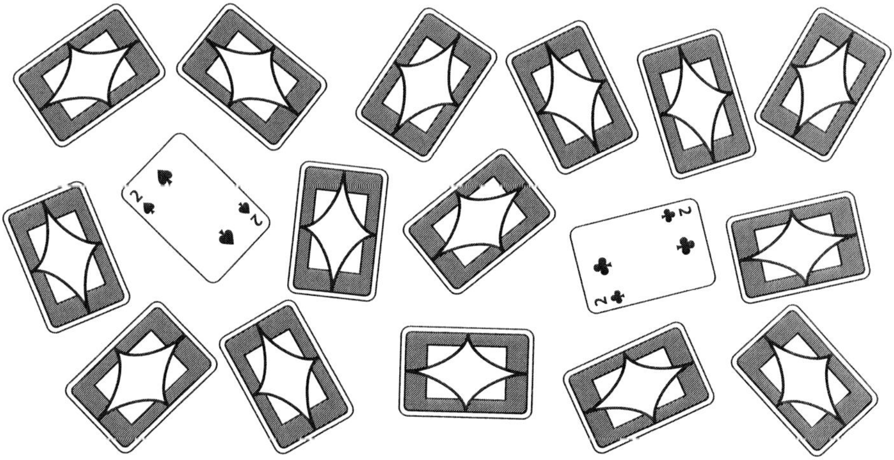

5.2　理論編

まず, 問題を整理しましょう。次のような問題を考えます。

【神経衰弱が終わるまでの回数の問題】

n 種類の数字が書かれたカードが 4 枚ずつあり, これが無作為に並べられている。ここから次の操作を行なう。

操作

並べられているカードの中から無作為に 2 枚を取り出す。このとき, 取り出した 2 枚が同じ数字が書かれたカードであればこの取り出した 2 枚のカードを元に戻さないで取り除く。一方, 取り出した 2 枚が異なる数字であれば, この 2 枚を元の位置に戻す。

この操作を並べられたカードがなくなるまで繰り返すとき, 操作を行なった回数の期待値を求めよ。

通常の神経衰弱は, 何人かの人で行なうゲームですが, ここでは「無作為」に 2 枚のカードを取り出すのでゲームに参加する人数は関係ありません。すなわち, 1 人が無作為に 2 枚のカードを取り出し続けると考えても結果は変わりません。

まず, 記号を決めておきます。ここで, 最初はすべての数字は 4 枚ずつあっても, そこから 2 枚同じ数字を取り出すと, 同じ数字が 2 枚しかないものが現れることに注意しましょう。

AAAABBBBCCCC　—AAを取り出すと→　AABBBBCCCC

4 枚の文字が 3 種類　　　　4 枚のカードが 2 種類
　　　　　　　　　　　　　2 枚のカードが 1 種類

すなわち, 途中の段階では, 4 枚のカードがある数字と 2 枚のカードしかない数字が混在します。まず, 同じ数字が 4 枚あるカードを「4 枚のカード」, 2 枚あるカードを「2 枚のカード」と呼ぶことにします。次に, 残っているカードが,

「4 枚のカード」が k 種類, 「2 枚のカード」が l 種類である状態を $\mathrm{A}_{k,l}$ と表す。

このように記号を設定します。例えば, 次のようになります。

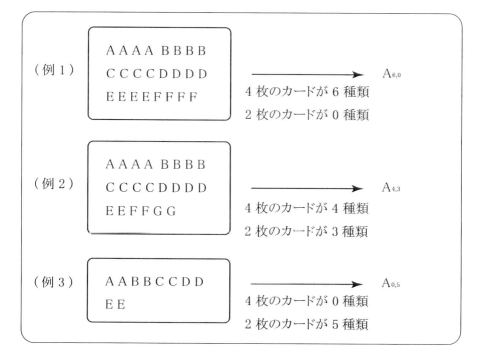

（例 1）
AAAA BBBB
CCCCDDDD
EEEEFFFF
→ $\mathrm{A}_{6,0}$
4 枚のカードが 6 種類
2 枚のカードが 0 種類

（例 2）
AAAA BBBB
CCCCDDDD
EEFFGG
→ $\mathrm{A}_{4,3}$
4 枚のカードが 4 種類
2 枚のカードが 3 種類

（例 3）
AABBCCDD
EE
→ $\mathrm{A}_{0,5}$
4 枚のカードが 0 種類
2 枚のカードが 5 種類

ここで, 少し複雑なのですが, 状態 $\mathrm{A}_{k,l}$ のときに, ここから 2 枚引いたときに, その引いたカードによって次の結果が 3 通りあることに注意してください。

(a) 引いた 2 枚のカードが異なる場合は, 状態は変化しないから $\mathrm{A}_{k,l}$ のまま。

(b) 引いた 2 枚のカードが同じ数字が 4 枚あるカードのうちの 2 枚なら, 4 枚のカードが減って, 2 枚のカードが 1 つ増えるから, 状態は $\mathrm{A}_{k-1,l+1}$ になる。

(c) 引いた 2 枚のカードが同じ数字が 2 枚あるカードの 2 枚なら, 単に 2 枚のカードが 1 種類減るだけだから, 状態は $\mathrm{A}_{k,l-1}$ になる。

ただし, $k=0$ の場合は (b) になることはなく, $l=0$ の場合は (c) になることはありません。具体的な場合を記すと, 次のページのようになります。

次に, 状態 $\mathrm{A}_{k,l}$ のとき, ここからカードがすべてなくなるまでの操作の回数を確率変数 X にとり, X の期待値を $E_{k,l}$ とおくことにします。簡単にいうと, 状態 $\mathrm{A}_{k,l}$ のときに操作を始めて, 「あと何回でカードがすべてなくなるか」というときの「何回」の平均値を $E_{k,l}$ とおくということです。この後, この問題の解決にむけて, 期待値の漸化式を作って期待値を求める手法をとります。

期待値 $E_{k,l}$ の漸化式を作るには, 1 回の操作で状態 $\mathrm{A}_{k,l}$ だったものがどのような確率で 「$\mathrm{A}_{k,l}$ のまま」「$\mathrm{A}_{k-1,l+1}$」「$\mathrm{A}_{k,l-1}$」になるかが大切です。ここでは, 「$\mathrm{A}_{k,l}$ のまま」である確率は最後に求めることにして, それ以外のものから確率を求めていくことにします。その前に, 状態 $\mathrm{A}_{k,l}$ のときは, 「4 枚のカード」は, $4k$ 枚, 「2 枚のカード」は $2l$ 枚, 全部で $4k+2l$ 枚のカードが残っていることは今一度注意しておきましょう。

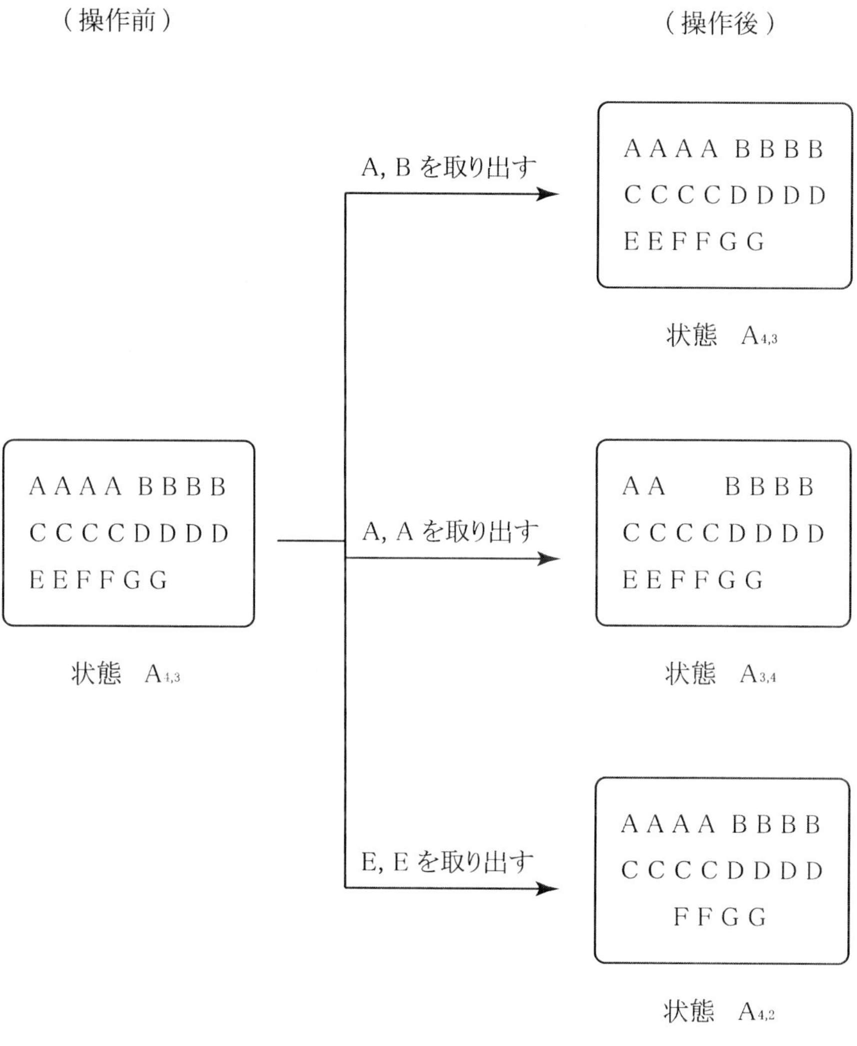

$\mathrm{A}_{k,l}$ から $\mathrm{A}_{k-1,l+1}$ になる確率 $p_{k,l}$

2 枚のカードを「連続して 2 枚とる」と考えることにします。1 枚目は, $4k+2l$ 枚の中の $4k$ 枚のどれかをとるから, 確率は, $\dfrac{4k}{4k+2l}$ です。

次に, 残りは $4k+2l-1$ 枚から 1 枚目に取った数字と同じ数字が書かれた

カード (3 枚残っている) を取り出す。この確率は, $\dfrac{3}{4k+2l-1}$ となります。

したがって,

$$p_{k,l} = \frac{4k}{4k+2l} \cdot \frac{3}{4k+2l-1} = \frac{6k}{(2k+1)(4k+2l-1)}$$

となります。

$\mathrm{A}_{k,l}$ から $\mathrm{A}_{k,l-1}$ になる確率 $q_{k,l}$

1 枚目は, $2l$ 枚ある「2 枚のカード」のいずれかを取り出すから, その確率は, $\dfrac{2l}{4k+2l}$ です。

次に, 2 枚目は, 1 枚目と同じ数字が書かれたカード (1 枚だけ残っている) を取り出すので, その確率は, $\dfrac{1}{4k+2l-1}$ となります。

したがって,

$$q_{k,l} = \frac{2l}{4k+2l} \cdot \frac{1}{4k+2l-1} = \frac{l}{(2k+l)(4k+2l-1)}$$

となります。

$\mathrm{A}_{k,l}$ から $\mathrm{A}_{k,l}$ のままである確率 $r_{k,l}$

これは, 残りの確率を考えて,

$$r_{k,l} = 1 - p_{k,l} - q_{k,l}$$

となります。

このような状態の推移とその確率を図に描くと次のようなイメージになります。この図で $\leftarrow$ は「4 枚のカード」を取り出すことによる変化, $\uparrow$ は「2 枚のカード」を取り出すことによる変化を表します。

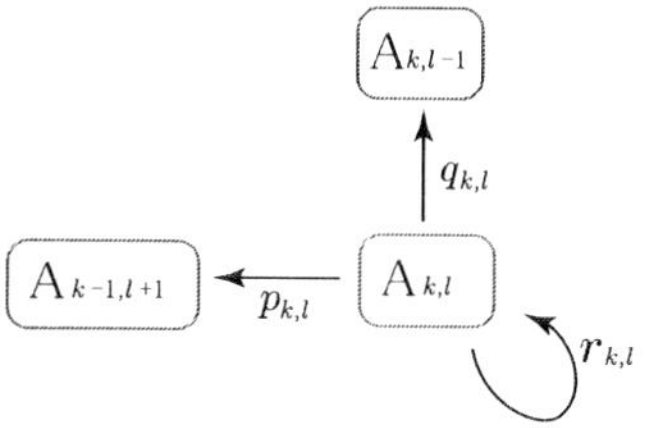

ここから, $E_{k,l}$ については, 次の式が成り立つことがわかります。

$$E_{k,l} = p_{k,l}(1 + E_{k-1,l+1}) + q_{k,l}(1 + E_{k,l-1}) + (1 - p_{k,l} - q_{k,l})(1 + E_{k,l})$$

$$\therefore \quad E_{k,l} = \frac{p_{k,l}}{p_{k,l} + q_{k,l}} E_{k-1,l+1} + \frac{q_{k,l}}{p_{k,l} + q_{k,l}} E_{k,l-1} + \frac{1}{p_{k,l} + q_{k,l}}$$

$$= \frac{6k}{6k+l} E_{k-1,l+1} + \frac{l}{6k+l} E_{k,l-1} + \frac{(2k+l)(4k+2l-1)}{6k+l} \quad (5.1)$$

ここで, $k = 0$ または $l = 0$ の場合は, $E_{-1,l+1}$ とか $E_{k,-1}$ が 一時的に現れますが, この場合は確率 $p_{0,l} = 0$, $q_{k,0} = 0$ となるので問題がないのですが, 気になるようであれば,

$$E_{0,l} = E_{0,l-1} + (2l - 1) \quad (5.2)$$

$$E_{k,0} = E_{k-1,1} + \frac{1}{3}(4k - 1) \quad (5.3)$$

を別に作っておけばよいでしょう。

なお, 最初の式の中に,「$1 + E_{k-1,l+1}$」とか「$1 + E_{k,l-1}$」のように「1+ ...」とあるのは,「1 回操作を行なってから, 状態 $A_{k,l}$ から $A_{k-1,l+1}$ などになる」と考えて, その 1 回分が入っているからです。つまり, その中の一つを取り出して説明すると,

「状態 $A_{k,l}$ からあと何回で $A_{0,0}$ になるか?」

↓

「1 回目の操作で $A_{k-1,l+1}$ となった場合は, その後 $E_{k-1,l+1}$ 回かけて

$\mathrm{A}_{0,0}$ になる」

↓

「この場合の操作回数は $1 + E_{k-1,l+1}$ 回」

このような感じになります。

この問題は状態が $\mathrm{A}_{0,0}$, すなわち, 「4 枚のカード」も「2 枚のカード」もすべてなくなったら終わりです。 その直前は必ず $\mathrm{A}_{0,1}$ で, $\mathrm{A}_{0,1}$ の場合は次の 1 回で必ず終了しますから, $E_{0,1} = 1$ です。これを最初として, (5.1) あるいは (5.2), (5.3) を使って, 次々と $E_{k,l}$ を求めていけばよいのです。

なお, k, l が小さいときの状態の推移とその確率を記すと次のようになります。この図の中で, ← は 「4 枚のカード」を取り出すことによる変化, ↑ は, 先ほどと同じように「2 枚のカード」を取り出すことによる変化を表しています。

例えば, 状態 $\mathrm{A}_{1,2}$ の場合, 確率 $\dfrac{3}{14}$ で次に $\mathrm{A}_{0,3}$ になり, 確率 $\dfrac{1}{14}$ で状態 $\mathrm{A}_{1,1}$ に, 確率 $\dfrac{5}{7}$ で現状と同じ状態のままであることを表しています。

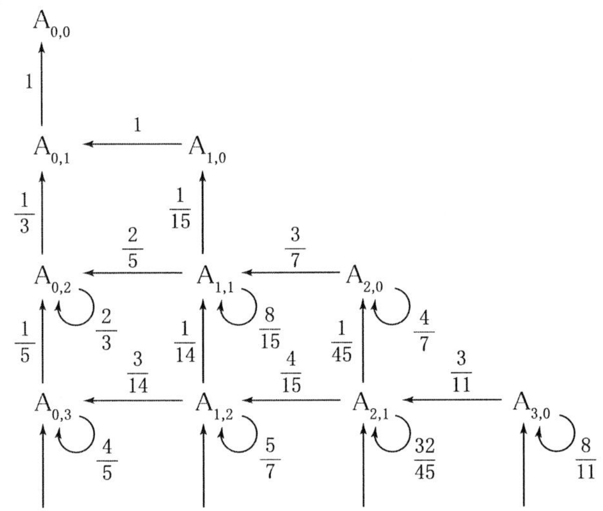

（矢印の隣の数字は確率）

そして, (5.1) を使って各状態における「神経衰弱の終わるまでかかる試行の回数の期待値」を求め, それを同じ位置に書くと次のようになります。

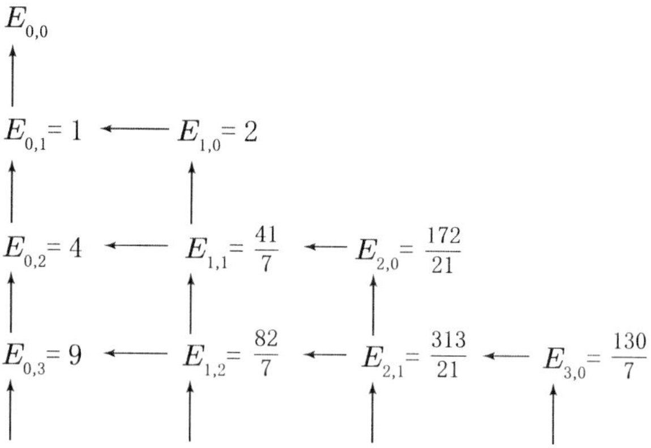

例えば, 残っているトランプのカードが「AAAABBBB」タイプの場合, すなわち, 状態 $A_{2,0}$ の場合, 無作為に取り出して神経衰弱を進めると平均すると, $E_{2,0} = \dfrac{172}{21} \fallingdotseq 8.2$ (回) で終わるということになります。

さらに, 1 回の操作に 5 秒かかるとすれば, 終了までに平均

$$5 \times 8.2 = 41 \text{ 秒}$$

かかるということになります。

なお, 「4 枚のカード」が k 枚ある段階で神経衰弱をスタートすると, 平均何回で終わるかを求めると次の表のようになります。

k	1	2	3	4	5	6	7	8	9
$E_{k,0}$	2	8.2	18.6	33.1	51.9	74.9	102.0	133.3	168.9

k	10	11	12	13
$E_{k,0}$	208.6	252.5	300.6	352.9

この表から, トランプ 52 枚で神経衰弱を行なった場合, 1 回に 5 秒かかるとすると,

$$5 \times 352.9 = 1764.5 \text{ (秒)}$$

すなわち, およそ 30 分かかることがわかります。ただし, これはあくまでも「無作為」に取り出した場合なので, 記憶力のよい人がゲームに参加すると当然ながらこれよりも短くなります。この 1764.5 秒の何％くらいで終わらせることができるかを競っても面白いかもしれません。

最後に, この表をから, 横軸に k の値 (「4 枚のカード」の種類数), 縦軸に終わるまでの回数の期待値をとってグラフを作ると次のようになります。参考までにどうぞ。

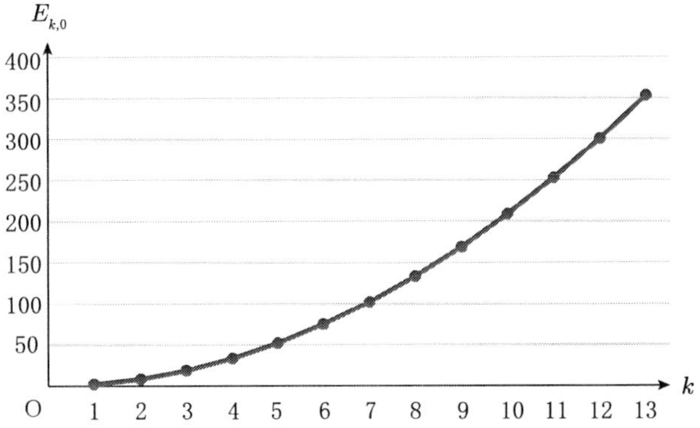

5.3 まとめ

1 神経衰弱が終わるまでの回数の期待値

同じ数字のカードが 4 枚ある「4 枚のカード」が k 種類, 同じ数字のカードが 2 枚ある「2 枚のカード」が l 種類あるときに, ここから神経衰弱を始めて終了するまでの操作回数の期待値を $E_{k,l}$ と定義します。ただし, 今回の神経衰弱は, カードはすべての残っているカードの中から無作為に引くものとします。

$E_{k,l}$ は, 次の式を満たします。

$$E_{k,l} = \frac{6k}{6k+l}E_{k-1,l+1} + \frac{l}{6k+l}E_{k,l-1} + \frac{(2k+l)(4k+2l-1)}{6k+l} \tag{5.1}$$

これは, $k=0$ あるいは $l=0$ の場合でも ($E_{-1,l+1}=0$, $E_{k,-1}=0$ などと考えれば) 適用できますが, 念のため別の式として書いておくと次のようになります。

$$E_{0,l} = E_{0,l-1} + (2l-1) \tag{5.2}$$

$$E_{k,0} = E_{k-1,1} + \frac{1}{3}(4k-1) \tag{5.3}$$

これらの式と, $E_{0,1}=1$ (残り 2 枚になれば必ず 1 回で終わる) を用いることで, $E_{k,l}$ を順次求めていくことができます。

$E_{k,l}$ の具体的な値は, 次のページの表をご覧ください。

注

(5.2) と $E_{0,1}=1$ から,

$$E_{0,l} = l^2$$

であることがわかります。すなわち, トランプがどの数字も 2 枚ずつならば, 終了するまでにかかる回数は, 2 枚ずつのカードが l 種類あるとすれば, l^2 回です。

2　$E_{k,l}$ の値

トランプのカードで, 同じ数字が 4 枚あるカードが k 種類, 2 枚あるカードが l 種類のとき, ここから神経衰弱を始めて終わるまでの回数の期待値を $E_{k,l}$ とするとき, $E_{k,l}$ の値は以下のようになります。ただし, これらの値は, 小数第 2 位を四捨五入してあります。

k \ l	0	1	2	3	4	5	6	7
0		1.0	4.0	9.0	16.0	25.0	36.0	49.0
1	2.0	5.9	11.7	19.6	29.4	41.3	55.1	71.0
2	8.2	14.9	23.6	34.3	47.0	61.8	78.5	97.2
3	18.6	28.1	39.7	53.3	68.9	86.4	106.0	127.6
4	33.1	45.6	60.0	76.4	94.9	115.3	137.7	162.1
5	51.9	67.2	84.5	103.8	125.0	148.3	173.6	200.9
6	74.9	93.0	113.1	135.3	159.4	185.6	213.7	243.9
7	102.0	123.0	146.0	171.0	198.0	227.0	258.0	
8	133.3	157.2	183.0	210.9	240.8	272.6		
9	168.9	195.6	224.3	255.0	287.7			
10	208.6	238.1	269.7	303.3				
11	252.5	284.9	319.3					
12	300.6	335.9						
13	352.9							

k \ l	8	9	10	11	12	13
0	64.0	81.0	100.0	121.0	144.0	169.0
1	88.9	108.7	130.6	154.4	180.3	
2	117.9	140.6	165.3	192.0		
3	151.1	176.7	204.3			
4	188.6	217.0				
5	230.2					

この表から, 52 枚のトランプで神経衰弱を始めて, 無作為に取り出していくと平均すると 352.9 回で終わることになります。

例えば, テレビを見ながら上の空で神経衰弱をしていると, 1 回の操作に 5 秒かかるとして, 終わるまでに約 30 分かかります。

第6章　特等席を探せ

6.1　どうせ見るなら良い席で

コンサート会場や映画館では同じ S 席でも見え方はかなり違うものです。遠ければ, パフォーマーの顔が小さく見えますし, 近すぎても真上を見上げる感じでつぶれて見えてしまいます。例えば, 次のような場所ではどこが最も適した位置なのでしょうか。

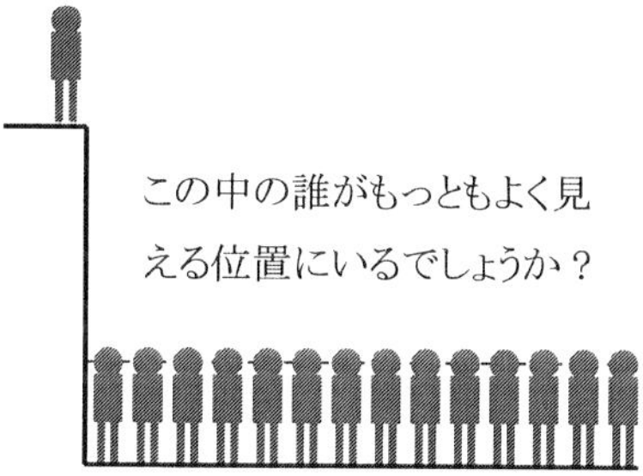

このような最もよい位置 (「特等席」) を探すのがこの章の目標です。この「特等席」ですが, どのような席が「特等席」なのかについて, 次の 2 つの場合を考えることにします。

1　目に入るスクリーンの縦の長さが最大に見える位置が「特等席」である。

2　目に入るスクリーンの面積が最大に見える位置が「特等席」である。

例えば, 映画館などの横長のスクリーンを見るときは, 短い方の辺である縦の長さが長い方がよいのですが, 信号機であれば, 目に入る光量が大切であると考えて面積を優先します。この 2 つのケースで結果は異なりますので, それぞれを分けて考えることとします。

6.2　理論編

6.2.1　縦の長さが最大に見える位置

問題の設定

次のようなイベント会場があったとしましょう。

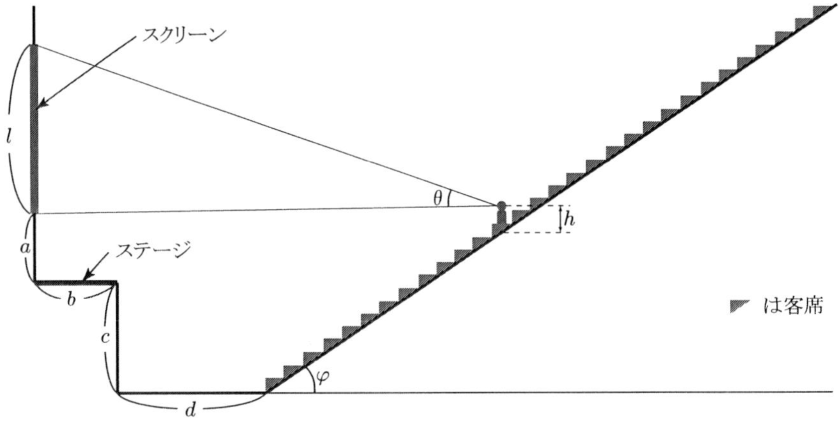

ここで, この図にある a, b, c, d, h, l の長さおよび角 φ の値はわかっているものとします。この会場の客席でスクリーンを眺めるときの図の θ が最大になるような席を探したいということが目標です。θ を最大にすることで, スクリーンの縦が広く見えることになります。座席の上の方に行くと, スクリーンから遠ざかるので小さく見えるでしょう。一方, 座席の下の方に行くと, 横の長さに対し, 縦はつぶれて見えるのであまりよい位置ではありません。どこであれば最適なのかを考えようということです。

よくある問題で検証

実は, これと似たような問題は高校数学の三角関数で扱います。それは, 次のような問題でした。

【問題 6– 1 】

図のように地点 O に鉄塔が立っており, 線分 AB にペンキが塗ってある。ここで, $OA = a$, $AB = l$ である。次に点 O を通る水平面上に O から距離 x の位置に点 P がある。$\angle APB = \theta$ とおくとき, θ が最大になるときの x の値を求めよ。

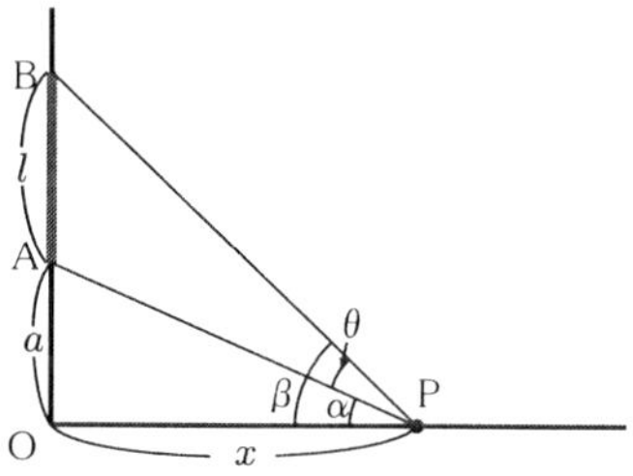

高校数学の三角関数の問題として解くときは次のような解答になります。

☆──────────────────────────────☆

(解答例)

図のように α, β を定めると,

$$\tan\alpha = \frac{a}{x}, \quad \tan\beta = \frac{a+l}{x}$$

であって, そして $\theta = \beta - \alpha$ だから,

$$\begin{aligned}\tan\theta &= \tan(\beta - \alpha)\\ &= \frac{\tan\beta - \tan\alpha}{1 + \tan\beta\tan\alpha}\end{aligned}$$

$$= \frac{\dfrac{a+l}{x} - \dfrac{a}{x}}{1 + \dfrac{a+l}{x} \cdot \dfrac{a}{x}}$$

$$= \frac{l}{x + \dfrac{(a+l)a}{x}} \tag{6.1}$$

となる。今, θ を最大にする x を求めたいので, $0 < \theta < \dfrac{\pi}{2}$ も考えると, $\tan\theta$ が最大になるような x を求めればよい。したがって, 式 (6.1) の分母が最小になるときの x を求める。

ここで, $x > 0$ であるから, 相加平均と相乗平均の関係を用いると,

$$x + \frac{(a+l)a}{x} \geq 2\sqrt{x \cdot \frac{(a+l)a}{x}}$$
$$= 2\sqrt{(a+l)a}$$

等号は,

$$x = \frac{(a+l)a}{x} \quad \text{かつ} \quad x > 0$$

すなわち,

$$x = \sqrt{(a+l)a}$$

のとき成り立つから, このとき, 式 (6.1) の分母は最小となるので, θ は最大になる。

以上より, θ を最大にする x は,

$$x = \sqrt{(a+l)a}$$ 答

である。

☆――――――――――――――――――――――――――――――――☆

このようになりますから, 最後の x の値が $\sqrt{(a+l)a}$, すなわち, $a+l$ (= OB) と a (= OA) の相乗平均であることから次のようなことにも気がつくかもしれ

ません。

まず, 次の図を見てください。

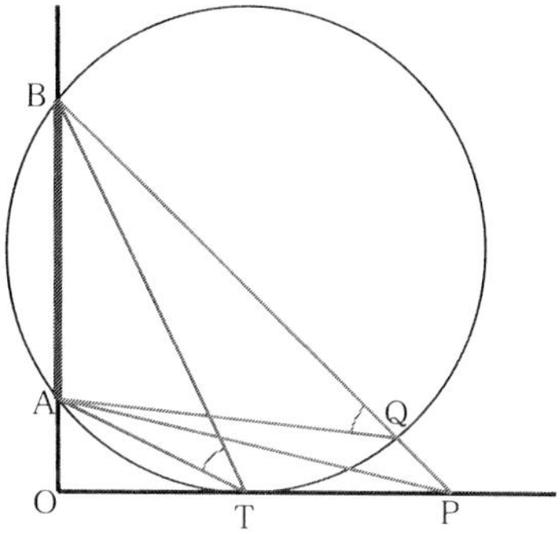

O, A, B, P は与えられた点ということで, A, B を通り, 直線 OP に接する円を描き, その円と直線 OP の接点を T とおきました。そして, 直線 BP と円の交点を Q とします。

このとき, 点 P が点 T と異なるときは, P は円の外部にあるので $\angle\mathrm{APB} < \angle\mathrm{ATB}$ となります。なぜなら,

$$\angle\mathrm{APB} < \angle\mathrm{AQB} \qquad (\because \quad \angle\mathrm{APB} + \angle\mathrm{PAQ} = \angle\mathrm{AQB})$$

であり, また円周角の定理より,

$$\angle\mathrm{AQB} = \angle\mathrm{ATB}$$

であるので,

$$\angle\mathrm{APB} < \angle\mathrm{ATB}$$

となるからです。

したがって, P が T と異なるときは, P は円の外部にあるので $\angle\mathrm{APB} < \angle\mathrm{ATB}$ となり, また, P が T に一致するときは $\angle\mathrm{APB} = \angle\mathrm{ATB}$ となるので, P が T に一致するときに $\angle\mathrm{APB}$ は最大になります。

そのときの OT の長さは, 方べきの定理より,

$$\mathrm{OA} \cdot \mathrm{OB} = \mathrm{OT}^2$$

となり, もちろん $\mathrm{OT} > 0$ なので,

$$\mathrm{OT} = \sqrt{\mathrm{OA} \cdot \mathrm{OB}}$$

となるので, OT の長さは OA, OB の長さの相乗平均ということになります。結果, O から OA と OB の長さの相乗平均だけ離れた位置にいるときに, 線分 AB (鉄塔の塗ってある部分) は最も大きく見えるということになります。

相乗平均と言われても

ところで, 最良の位置が,「相乗平均」だけ離れた点だと言われても, じゃあ, 実際にどこに行けばよいかは現場ではわからないんじゃないの? となりますので, もう少し, 現場でわかりやすい見つけ方はないものか考えてみましょう。

例えば, コンサート会場で席が水平なところに並べられてあり, 下からステージを眺めているとします。このとき, 出演者の顔をなるべく大きく見たいとします。このような場合, ざっくりと床の観客の目線からステージ上の人の顔の高さに比べて顔の大きさは小さいと考えてみます。 例えば, 観客の目の高さからステージ上の人の顔までの高さが 4m, 顔の大きさが 25cm とすると, 顔の大きさは「高さ」の $\frac{1}{16}$ です。この場合, 先ほどの OA と OB の長さはほぼ等しいとみなすと,

$$\mathrm{OP} = \mathrm{OA}$$

となるので, ステージの下にいる人からすれば, 水平方向から 45° の位置に見えるところが一番演奏者が大きく見える位置ということになります。

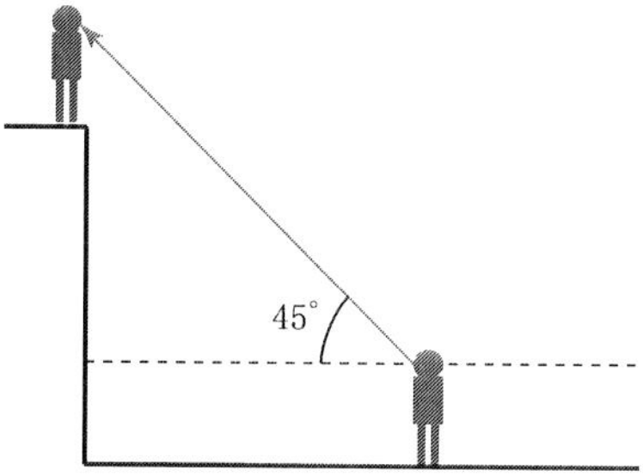

一方, 美術館で絵画を見るときのように, 目の高さに絵がある場合はもちろん近づいた方が絵が大きく見えます。

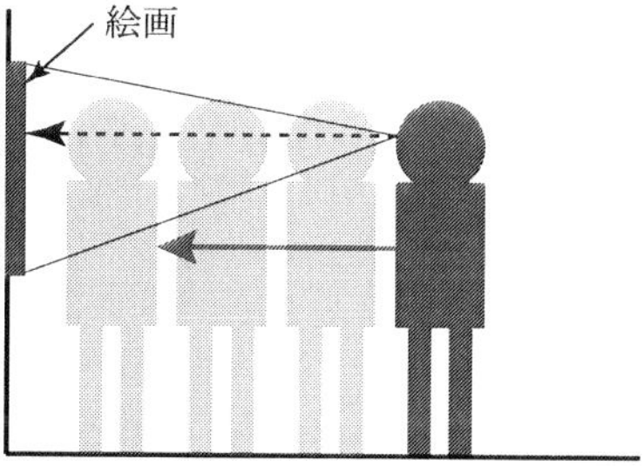

目線の高さに絵がある場合
は近づく方が大きく見える。

しかし, 目の高さに絵がないときは近づけばよいというわけではなく, 適切な距離があるのです。

一つの例として,「視線の高さと絵画の下までの垂直方向の距離」と「絵画の縦の長さ」が等しい場合は, およそ, 絵画の中央が 46.69° になる位置に見ると最も大きく見えることになります。

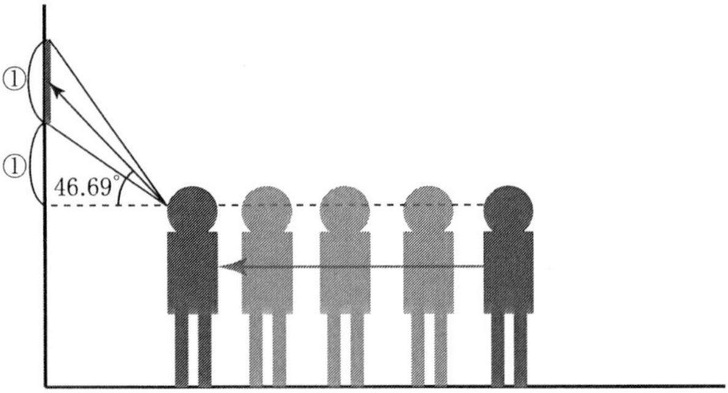

46.69° と 45° の違いは, 体感ではほとんどわからないので, 45° でも大差はありません。

この「絵の中央を 45° 見上げる位置で見る方法」は別方法でも検証できます。もう一度, 先ほどの【問題 6 − 1】のような設定で考えることにしましょう。

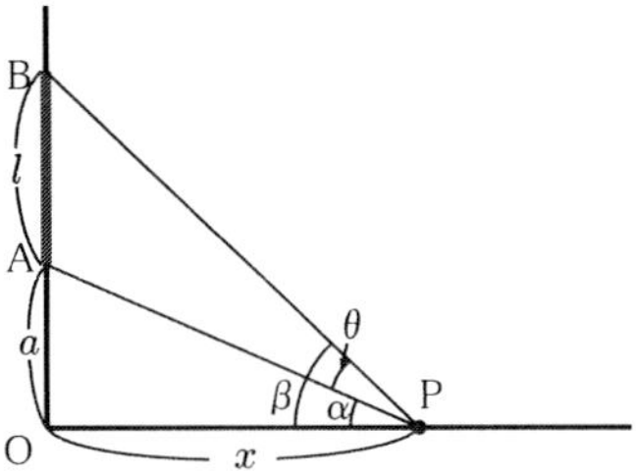

この図で θ が最大になるときの x の値は OA, OB の長さの相乗平均の $x = \sqrt{a(a+l)}$ でした。すなわち, $x^2 = a(a+l)$ なので,

$$\tan\alpha\tan\beta = \frac{a}{x}\cdot\frac{a+l}{x} = 1$$

となるので, つねに $\alpha + \beta = 90°$ になります。つまり,

$$\frac{\alpha+\beta}{2} = 45°$$

が成り立ちます。実は, 見上げた角が $\dfrac{\alpha+\beta}{2}$ の方向とは, ∠APB の二等分線

の方向ですが, この視線の先に, OA, OB の長さの相乗平均となる点, すなわち, $\mathrm{ON}^2 = \mathrm{OA}\cdot\mathrm{OB}$ となる線分 AB 上の点 N があります。AB の中点を M とおくと, 「M と N は近い」と考えれば, M を ∠APB を二等分する方向に見れば, そのとき AB は最大に見えることになります。ここで, M を持ち出すのは, M の方が N よりも探しやすいからです。

相乗平均を相加平均に置き換えてもよいのか

これまでの議論では, 本当は, 相乗平均で考えるべきところを相加平均で近似しました。相加平均, すなわち, 「AB の中央を見よ」の方がわかりやすいからです。では, こうすることで見え方とどのくらい違ってくるのかを検証しておきます。

高校数学の数学 II で,

$$(\text{相加平均}) \geq (\text{相乗平均})$$

を習います。相乗平均は相加平均を超えることはないので, AB の中央より少し下の位置にあります。例えば, $a=1$, $l=3$ の場合はどうでしょうか。このときは,

「a と $(a+l)$ の相加平均」は 2.5

「a と $(a+l)$ の相乗平均」は 2

この場合相乗平均の位置を 45° で眺めている場合, 相加平均の位置は
$\tan\gamma = \dfrac{2.5}{2}$ となる γ を求めて, $\gamma = 51.34°$ くらいだからおよそ 6.34° の差ができます。この 6.34° とは次の図くらいの大きさの角です。

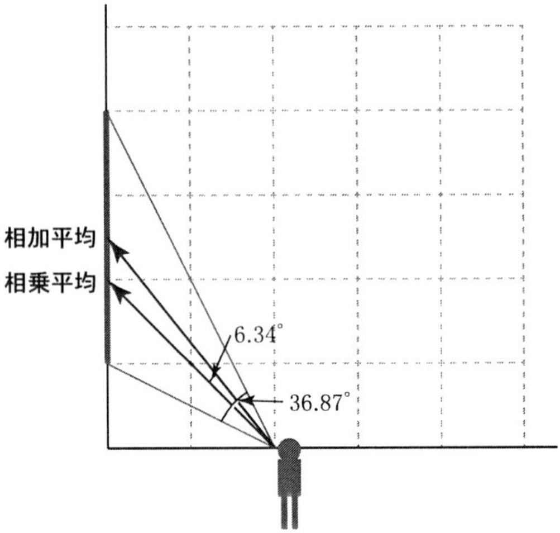

最も絵が大きく見える位置

なお, 絵の中央が 45° に見える位置に移動すると次のようになります。

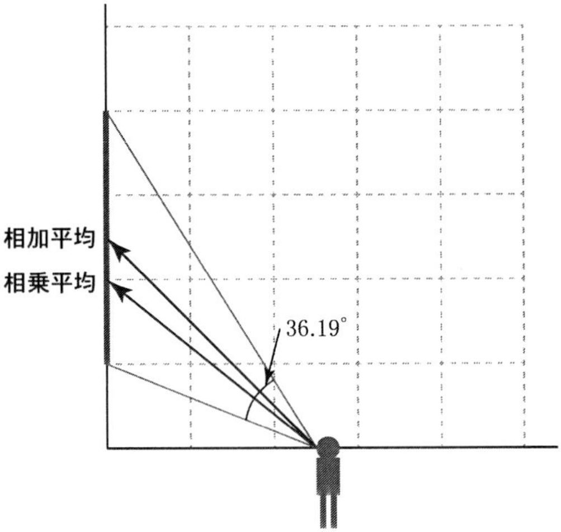

この 2 つの絵を見込む角の差はおよそ

$$36.87° - 36.19° = 0.68°$$

なので, 普通の人にはほとんど差は感じられないでしょう。

今度は, $a = 3$, $l = 1$ の場合を考えてみます。この場合, a と $a + l$ の相乗平均は,

$$\begin{aligned}\sqrt{a(a+l)} &= \sqrt{3 \cdot 4} \\ &= 2\sqrt{3} = 3.464\ldots\end{aligned}$$

となって, a と $a + l$ の相加平均 3.5 と近く, 図の上では区別がつきにくくなります。最初の長さの単位が m で与えられていたとすれば, 誤差は 5cm 以下ということになります。

この 5 cm の差が AB を見込む角にどのくらいの差があるかを調べてみましょう。

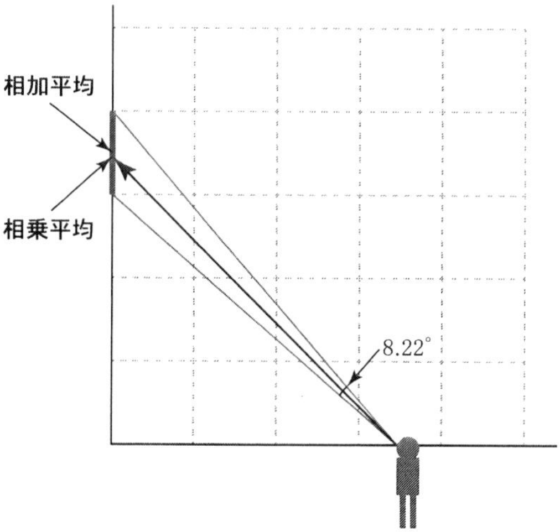

この相乗平均 $2\sqrt{3}$ を x とおくと,

$$\tan\alpha = \frac{a}{x} \qquad (0^\circ < \alpha < 90^\circ)$$

を満たす α は約

$$\alpha = 40.893^\circ$$

$$\tan\beta = \frac{a+l}{x} \qquad (0^\circ < \beta < 90^\circ)$$

を満たす β は約

$$\beta = 49.107^\circ$$

となるので, 絵を見込む角はおよそ $49.107^\circ - 40.893^\circ = 8.214^\circ$ です。今度は, 微妙な比較になるので数値を細かく表記しました。そしてこれが, 絵を見込む角の最大角です。

一方, 絵の「中央」が水平面から 45° に見える位置に立った場合,

$$\tan\alpha = \frac{3}{3.5} \quad \text{を満たす } \alpha \text{ は } 40.601^\circ$$

$$\tan\beta = \frac{4}{3.5} \quad \text{を満たす } \beta \text{ は } 48.814^\circ$$

であるので, 絵を見込む角はおよそ $48.814^\circ - 40.601^\circ = 8.213^\circ$ です。したがって, 絵の中央が 45° 見上げた位置で見た場合, 最大に見える場合と比べて見込む角の差はおよそ 0.001° くらいになります。これは, $\dfrac{1}{\tan 0.001^\circ} = 57295.8$ くらいなので, 1 円玉 (直径 2cm) を約 1146 m 程離れたところから見た場合と同じくらいです。

座席が, 坂の上に並んでいる場合

それでは, 最初のイベント会場のように坂に座席が並んでいる場合を考えましょう。

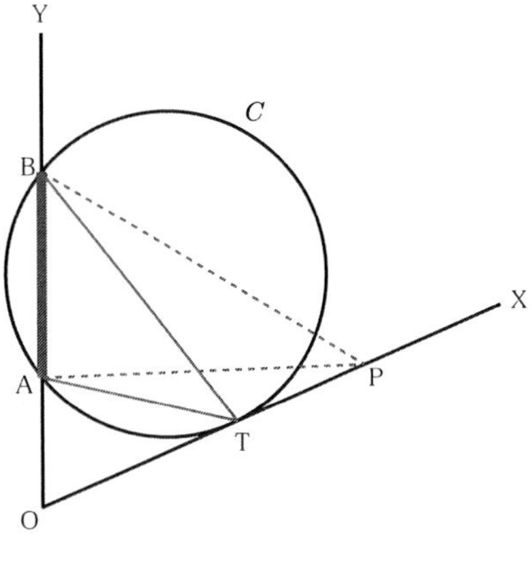

図のように 2 つの半直線 OX, OY があって, OY 上の 2 点 A, B を通り OX に接する円を C とします。C と OX の接点を T とおくと, OX 上の点 P に対し,

$$\angle\mathrm{APB} \leq \angle\mathrm{ATB}$$

なので, 点 P が点 T の位置にあるときに ∠APB は最大になります。このとき,

方べきの定理から,

$$\mathrm{OT}^2 = \mathrm{OA} \cdot \mathrm{OB}$$

なので, OX 上に OA と OB の長さの相乗平均だけ O から離れた位置からスクリーン AB を見ると最も大きく見えるということになります。

ここで, 先ほどの会場を図のように書き直してみます。AB がスクリーン, CD がステージです。

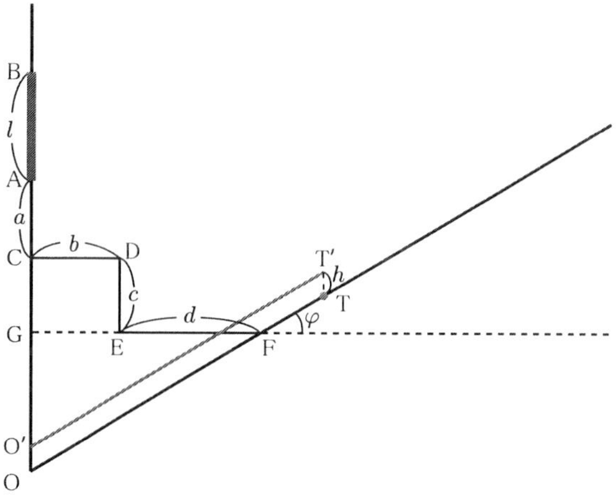

この場合,

$$\mathrm{OG} = \mathrm{FG} \tan\varphi = (b+d)\tan\varphi$$

ですから,

$$\mathrm{OA} = (b+d)\tan\varphi + (a+c), \qquad \mathrm{OB} = (b+d)\tan\varphi + (a+c+l)$$

したがって, $\mathrm{O'A} = \mathrm{OA} - h$, $\mathrm{O'B} = \mathrm{OB} - h$ と考えると,

$$\mathrm{O'A} = (b+d)\tan\varphi + (a+c-h), \qquad \mathrm{O'B} = (b+d)\tan\varphi + (a+c+l-h)$$

となるので,

$$\mathrm{FT} = \mathrm{OT} - \mathrm{OF}$$

$$= \mathrm{O'T'} - \mathrm{OF} = \sqrt{\mathrm{O'A} \cdot \mathrm{O'B}} - \mathrm{OF}$$

$$= \sqrt{\{(b+d)\tan\varphi + (a+c-h)\}\{(b+d)\tan\varphi + (a+c+l-h)\}} - \frac{b+d}{\cos\varphi}$$

となります。

6.2.2　面積が最大に見える位置

次に, 面積が最大に見える位置を探してみましょう。

次の図のような長方形 K (以下, モニターと呼ぶ) を 点 P から眺める場合を考えることとします。モニターは図に記載してあるように, 横の長さ $2a$, 縦の長さ $2b$ の長方形です。また, モニターから視点 P のある平面におろした垂線の足を H として, モニターの中央 M と H の距離が h, $\mathrm{PH} = x$ と定めます。

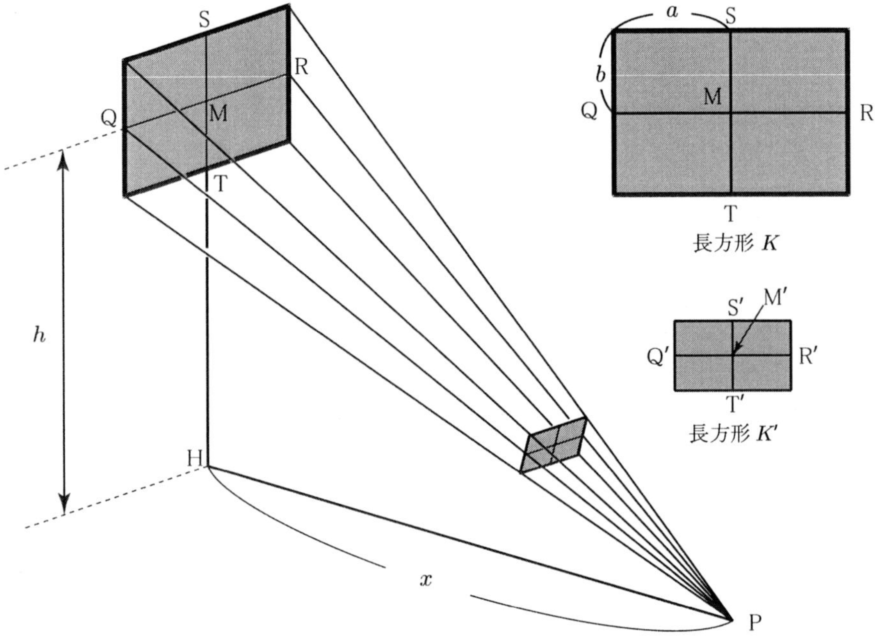

図の長方形 K' (M' を中央にもつ長方形) は, 視点から距離 1 だけ離れた位置にある平面にモニターを投影した図形です。すなわち, 「視点とモニターの 4 頂点を結ぶ直線」と「視点とモニターの中央 M を結ぶ直線に垂直で, P からの距離が 1 である平面」との 4 つの交点を頂点とする四角形とします。ただし, 本当は図 1 のように見えますが, これを横の長さが $\mathrm{Q}'\mathrm{R}'$ である長方形で置き換えても面積は変わらないので, これを長方形 K' とし, K' の面積が最大になる条件を考えることとします。

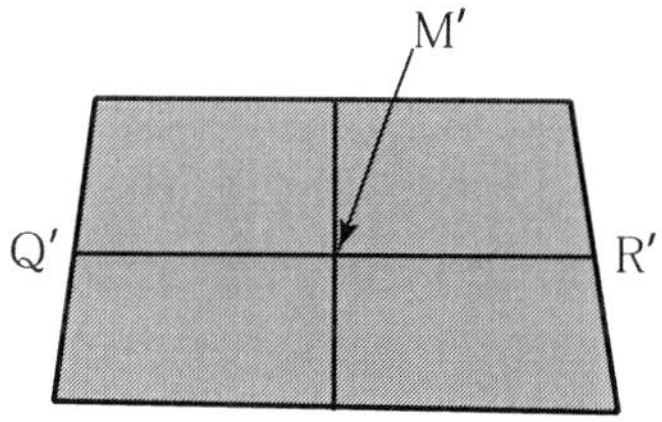

図 1

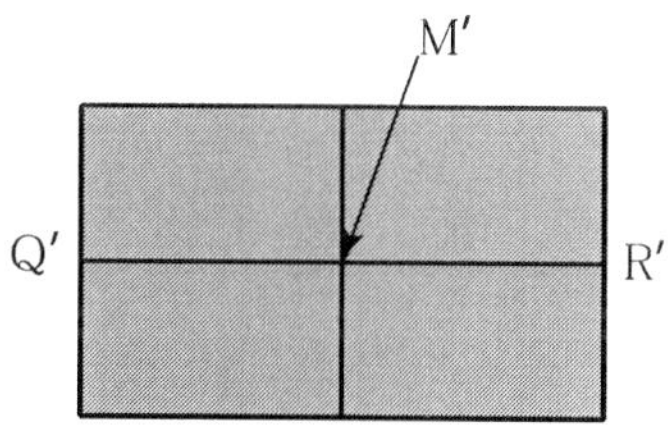

図 2

まず, $\mathrm{Q}'\mathrm{R}'$ の長さを求めます。そのため, 次のような図を考えます。

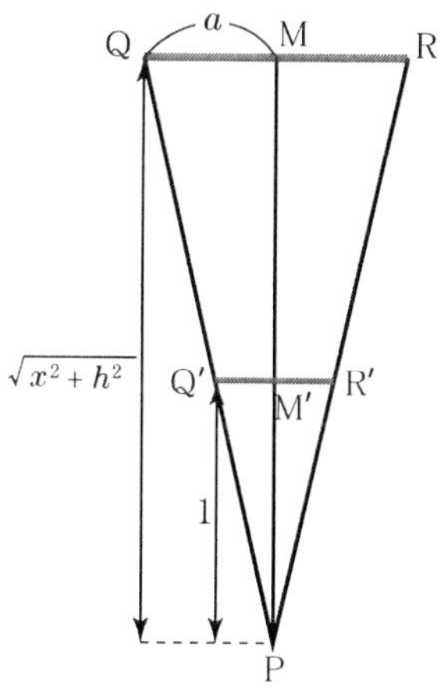

ここで, PM の長さは最初の立体図から,

$$\mathrm{PM} = \sqrt{\mathrm{PH}^2 + \mathrm{MH}^2}$$
$$= \sqrt{x^2 + h^2}$$

となり, 次に, 相似比を利用して,

$$\mathrm{Q'M'} = \mathrm{QM} \times \frac{1}{\sqrt{x^2 + h^2}}$$
$$= \frac{a}{\sqrt{x^2 + h^2}}$$

であるので,

$$\mathrm{Q'R'} = \frac{2a}{\sqrt{x^2 + h^2}}$$

となります。次に, 長方形 K' の縦の長さについてですが, これは近似を使って求めることとします。

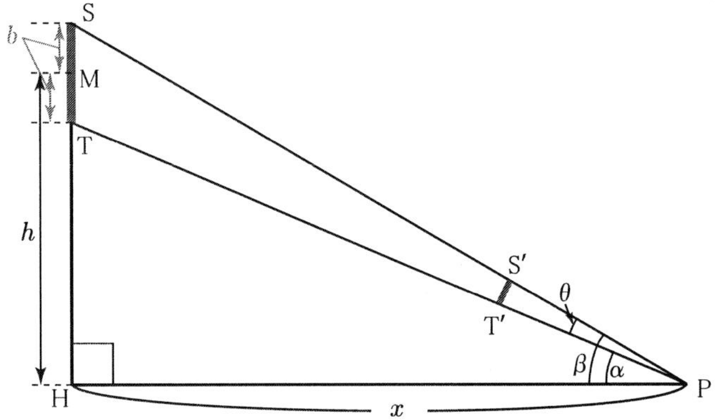

まず, 図のように,

$$\angle\mathrm{TPH} = \alpha, \quad \angle\mathrm{SPH} = \beta, \quad \angle\mathrm{SPT} = \theta$$

とします。このとき, $\theta = \beta - \alpha$ となります。一方,

$$\tan\alpha = \frac{\mathrm{TH}}{\mathrm{PH}} = \frac{h - b}{x}$$

$$\tan\beta = \frac{\mathrm{SH}}{\mathrm{PH}} = \frac{h+b}{x}$$

であるので,

$$\begin{aligned}\tan\theta &= \tan(\beta-\alpha)\\ &= \frac{\tan\beta - \tan\alpha}{1+\tan\beta\tan\alpha}\\ &= \frac{\dfrac{h+b}{x} - \dfrac{h-b}{x}}{1+\dfrac{h+b}{x}\cdot\dfrac{h-b}{x}}\\ &= \frac{2bx}{x^2+h^2-b^2}\end{aligned}$$

となります。ここまでが正確な値です。ここからは, 計算が複雑になるので近似を利用します。それは, 正確には $\angle\mathrm{PT'S'} = \dfrac{\pi-\theta}{2}$ であって, $\dfrac{\pi}{2}$ ではないのですが, θ が小さいときは, $\angle\mathrm{PT'S'} = \dfrac{\pi}{2}$ と見なしても $\mathrm{S'T'}$ の長さはほとんど変化ないと考えて,

$$\begin{aligned}\mathrm{S'T'} &\fallingdotseq \mathrm{PT'}\tan\theta\\ &= \frac{2bx}{x^2+h^2-b^2}\end{aligned}$$

と近似します。さらに, b が h に対して十分小さいときは, 分母の b^2 も無視して,

$$\mathrm{S'T'} \fallingdotseq \frac{2bx}{x^2+h^2}$$

とします。これで, 多少数値は違うものの, 扱いやすい式になります。

この数値を使うと, 先ほどの長方形 K' 面積を $S(x)$ とおくと,

$$\begin{aligned}S(x) &= \frac{2a}{\sqrt{x^2+h^2}} \times \frac{2bx}{x^2+h^2}\\ &= \frac{4abx}{(x^2+h^2)^{\frac{3}{2}}}\end{aligned}$$

$$S'(x) = 4ab \cdot \frac{1 \cdot (x^2+h^2)^{\frac{3}{2}} - x \cdot \dfrac{3}{2}(x^2+h^2)^{\frac{1}{2}} \cdot 2x}{(x^2+h^2)^3}$$
$$= 4ab \cdot \frac{(x^2+h^2) - 3x^2}{(x^2+h^2)^{\frac{5}{2}}}$$
$$= \frac{-4ab(2x^2-h^2)}{(x^2+h^2)^{\frac{5}{2}}}$$

したがって, $S(x)$ $(x > 0)$ の増減は次のようになります。

x	0	$\cdots$	$\dfrac{h}{\sqrt{2}}$	$\cdots$
$S'(x)$		$+$	0	$-$
$S(x)$	0	$\nearrow$		$\searrow$

したがって, $x = \dfrac{h}{\sqrt{2}}$ のときに $S(x)$ は最大, つまりモニター K が最大に見えるということなります。

ところで, $x = \dfrac{h}{\sqrt{2}}$ を現場でどうように探せばよいかですが, それは次のように考えるとよいでしょう。

$\tan\varphi = \sqrt{2}$ となる φ はおよそ $54.74°$ ですが, 実は, 私たちのまわりに縦横の比が $\sqrt{2} : 1$ になっている長方形があります。それは, A4 用紙, B5 用紙などです。例えば, A4 用紙を対角線を折り目にして折って直角三角形を作り, 底辺は水平にして矢印の向きに眺めるように見えれば, そこが面積の最大の位置になります。

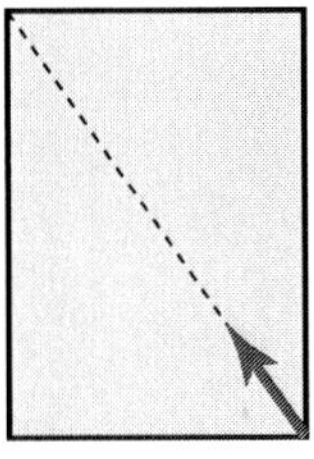

A4 用紙

6.3　まとめ

1　モニターの縦の長さが最大に見える特等席の見つけ方

[その1]　平らな地面に立って看板を眺めるとき, 看板の縦の長さが最も大きく見える位置を「最適な位置」と考えた場合次のようになります。

まず, 看板の下端を A, 上端を B とし, 最適な位置を P とします。最適な位置は, OP の長さが OA と OB の長さの相乗平均になる位置, すなわち, $\mathrm{OP} = \sqrt{\mathrm{OA} \cdot \mathrm{OB}}$ となる位置です。これは, 看板の大きさが地面からある程度離れていれば, 相乗平均は相加平均に近いと考えて, P から看板の中央 M を 45° の位置で眺める位置になります。

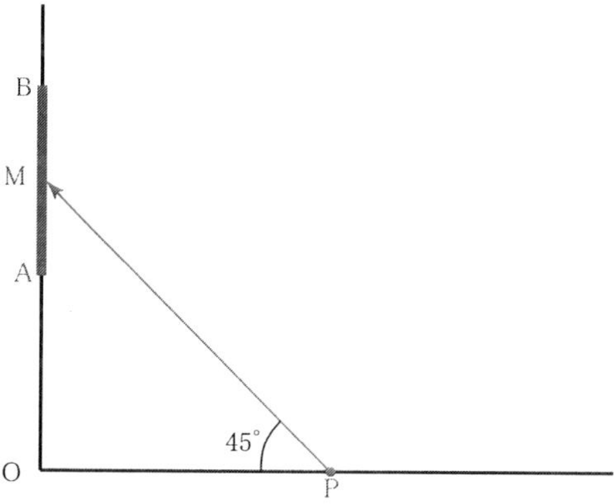

注

実際は, (相乗平均) ≤ (相加平均) であるので, 看板の中央よりやや下を 45° の仰角で眺める位置が最大です。

[その2]　今度は, 坂道に立って看板を眺めるとき, 同じように最適な位置を定めます。この場合も OP の長さが OA と OB の相乗平均となる位置が最適ですが, 相乗平均と相加平均がほぼ等しいと考えられる場合は, 次の図のように, P

から看板の中央を眺める方向が, $\overrightarrow{PO}$ の向きと, 真上の向きを二等分する向きに眺めるときが最大になります。(実際は M ではなく, O からの距離が $\sqrt{OA \cdot OB}$ である AB 上の点ですが, 近似しています。)

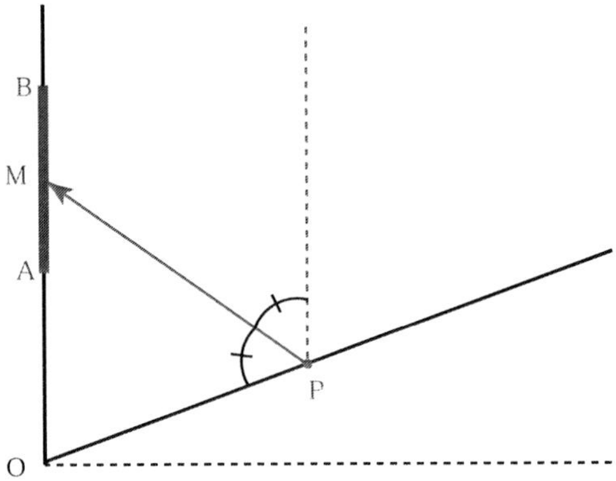
B
M
A
P
O

角を二等分する向きといわれてもわからない場合は次のように見つける手もあります。

① まず, 床に自分と同じ大きさの人が横たわっている姿を想像します。

② 次に, 横たわっている人の目を探します。

③ 最後に, ② の視線の向きと反対の向きを見ます。このときの視線の方向が角を二等分する方向です。

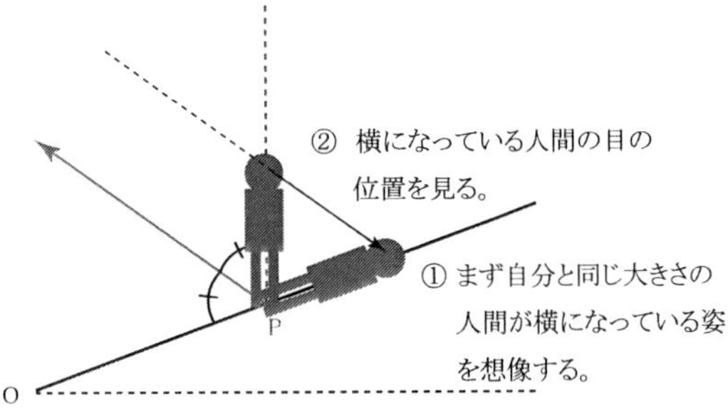
② 横になっている人間の目の
位置を見る。
① まず自分と同じ大きさの
人間が横になっている姿
を想像する。
P
O

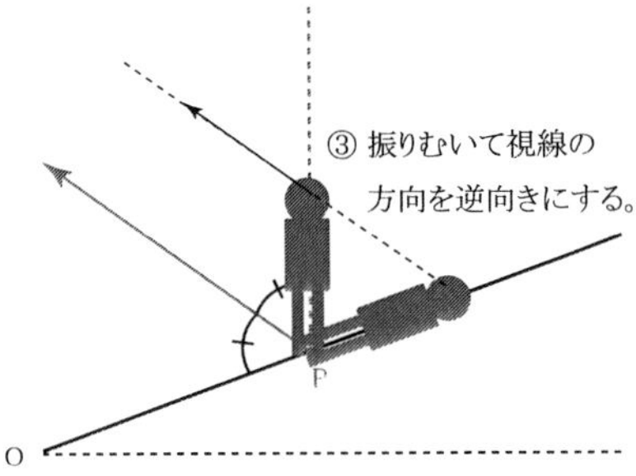
③ 振りむいて視線の
方向を逆向きにする。
P
O

視線でなくてもよくて, 図の P から延長方向と坂を上る方向に等距離の点をとり結べば, 角を二等分する方向がわかります。

[その 3] この結果は, 電車の中で車内のモニターが最も大きく見える位置を探す場合にも役立ちます。図のように 45° で見上げる位置にモニターがあるとよく見えるようになります。

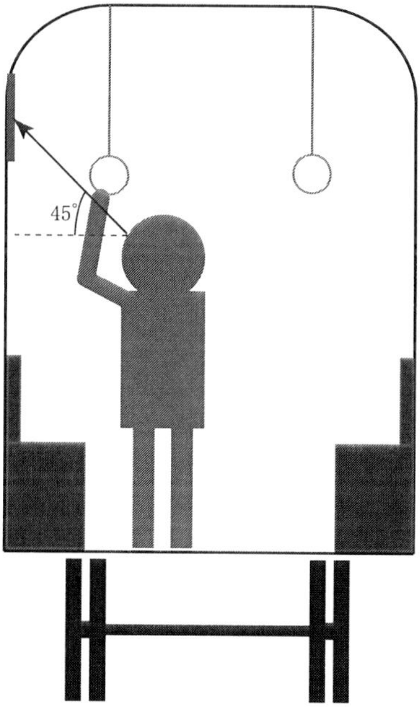

2 壁に掛けてある図を面積が最大になるように見る場合の特等席

水平な地面から, 壁の目線より高い位置に掛けてある時計, ポスターを眺めるとき, その面積が最大に見える位置は, その物体の中央を水平面からの仰角を約 54.7° で見る位置です。これは, A4 用紙, B5 用紙の短い辺と対角線のなす角です。右のような時計を例にとってみましょう。

この時計が最も大きく見えるのは右の図のような仰角で時計を見たときです。

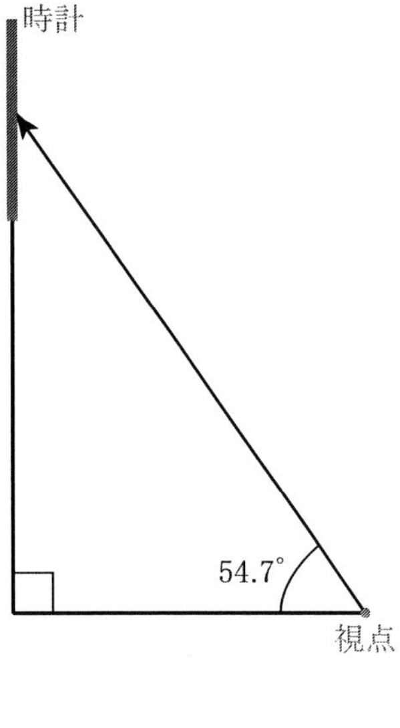

なお, このときの時計は次の図のように見えます。

【参考】 実際の時計の見え方

下の図は高さ $\sqrt{2}$ の位置に中心がある時計を水平面上の点 P_k ($k = 0.5$, 1, 2, 3, 4) から眺めたときの仰角の大きさを表したものです。図では, $OP_k = k$ ($k = 0.5, 1, 2, 3, 4$) となっています。したがって, P_1 の位置から時計を見たとき, 最も面積が大きくなります。

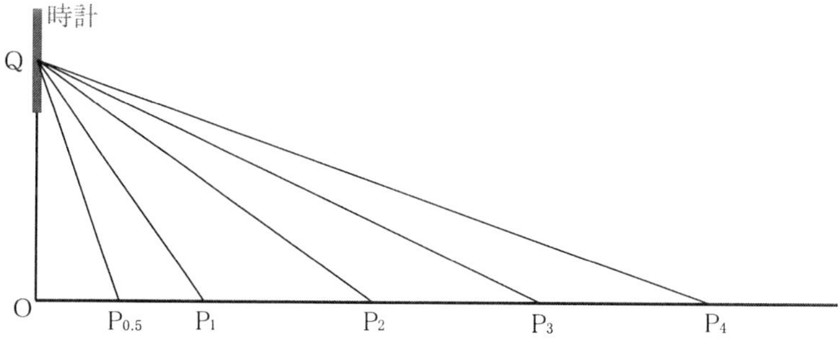

実際の仰角は次のようになっています。

k	0.5	1	2	3	4
$\angle OP_kQ$	70.53	54.7	35.26	25.24	19.47

各点から見た時計は次のような大きさに見えます。

$P_{0.5}$

P_1

P_2

P_3

P_4

また, 時計の縦の長さが最大になる位置は, $OP_{\sqrt{2}} = \sqrt{2}$ である点 $P_{\sqrt{2}}$ ですが, このときの仰角は 45° で右のように見えます。

$P_{\sqrt{2}}$

信号機のように, 光量が必要な場合は面積が最大である OP_1 が好ましく, 書いてある文字を読む場合は, 縦の長さが長い $OP_{\sqrt{2}}$ がよいと考えられるのではないでしょうか。このように目的に応じて最適な位置をうまく選びたいものです。

第7章　机は角を曲がれるか

7.1　引っ越しても家具が入らないと

新しい家, あるいは事務所に引っ越しをしたときに, それまで使っていた家具が新居の中に入れられるかは重要な問題です。たとえ中に入るスペースがあったとしても, 途中の廊下を通すことができない場合もあります。ここでは, 机が角を曲がれる条件を考えてみます。

昔, ある著名なピアニストの方が大型のグランドピアノを購入しようと考えていました。大型ピアノは, 鍵盤から奥までが 3m ほどあります。これが新居のマンションに入るかどうかとなったときに, 途中の廊下の角を曲がれるかということが問題になりました。グランドピアノは足をはずすことはできますが, それ以外は反響盤を外す程度しかできませんので, 細かく分解することはできません。この章の問題はそのような場合に役に立ちます。

ここでは, 図のような廊下を机を通すことが出来るかを考えていきます。

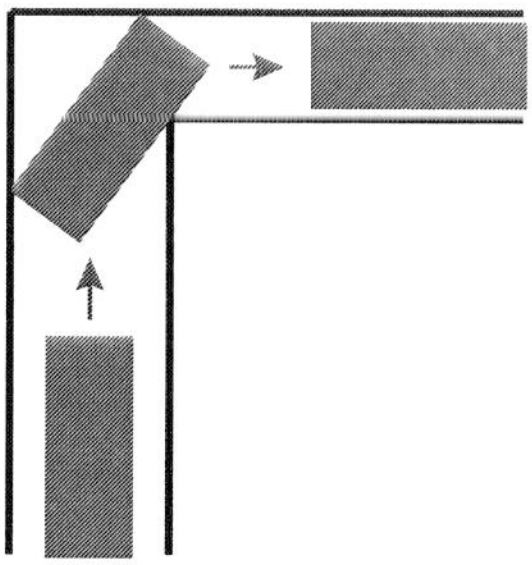

テーブル

7.2　理論編

まず, 問題の設定をしましょう。長方形のテーブルの 1 辺の長さを 1 と $a\ (>1)$ とします。そして, 角を曲がる前の通路の幅を l, 曲がった後の通路の幅を m とします。

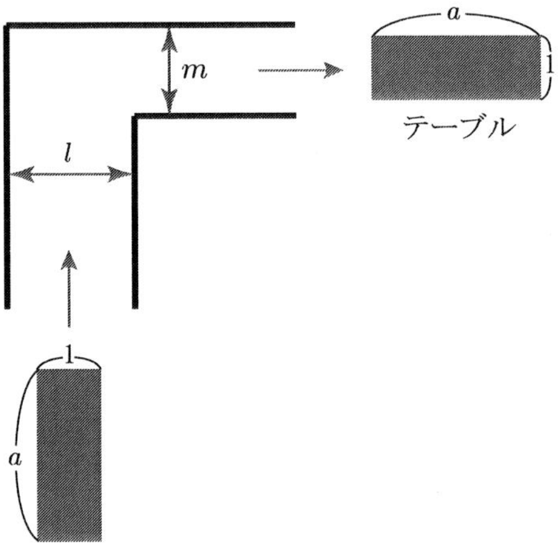

ここでは, この m が小さくて困っているのです。ただ, m は小さいといっても, もちろん $m>1$ です。そうでないとテーブルが細い廊下を通れる可能性がなくなるからです。

次に, $l \geq a$ であれば, 最初からテーブルを図のようにしておけばよいので, $a>l$ であるとします。

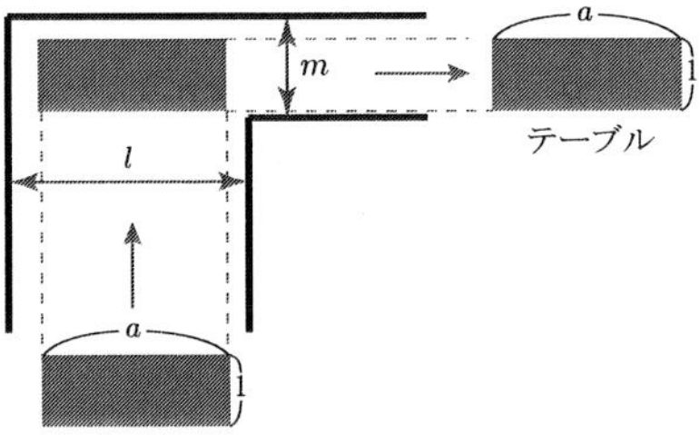

つまり, この問題では, $a>l>1$ のもとで考えることとします。

次に, テーブルの 4 頂点を次の図のように A, B, C, D とします。このテーブルが角をぎりぎり通るときは辺 AD が角と接触するので, この接点を T として, 図のように θ を定め, θ によって定められる長さ $f(\theta)$ を考えます。

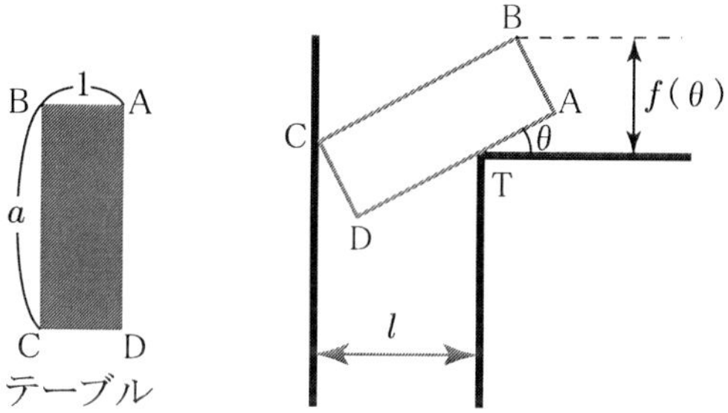

このとき, θ を変化させたとき $f(\theta)$ の最大値が m を超えなければテーブルは「通過可能」ということになります。ここで, もう一つ条件があって, それは, 長方形の頂点 C が廊下の左側の壁に接触しているということです。なぜなら, C が左の壁に接触していないときは, θ を同じ値に保ったまま, $f(\theta)$ を小さくできるからです。

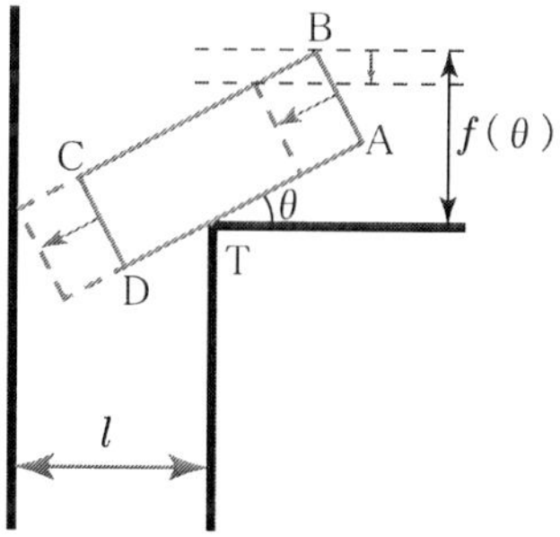

C が左側の壁に接触していない場合は ↙ 方向に移動することで $f(\theta)$ を小さくできる。

すなわち, 各 θ に対して, 頂点 B が (図の中で) もっとも「低い」状態を作る。そのときの B の 「T を通る (図の水平方向の) 壁」からの距離 $f(\theta)$ の最大値が, テーブルが通るかどうかに必要な値ということになります。

それでは, 実際の計算に入りましょう。

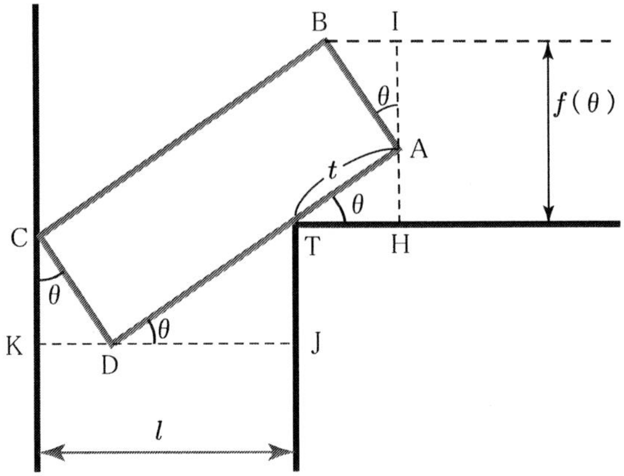

まず, 図のように点を定め, $\mathrm{AT} = t$ とおきます。ただし, t は $0 < t < a$ でとっておきます。「とっておきます」というのは, 実際は $t = a$ になることはないけれど, 広めにとっておこうという意味です。このとき, θ は図のような位置にあるので,

$$\mathrm{AH} = t\sin\theta$$

$$\mathrm{AI} = \mathrm{AB}\cos\theta = \cos\theta \qquad (\because \quad \mathrm{AB} = 1)$$

したがって,

$$f(\theta) = \mathrm{AH} + \mathrm{AI} = t\sin\theta + \cos\theta \tag{7.1}$$

となります。一方, t と θ は, $\mathrm{KJ} = l$ になるように変化します。

$$\mathrm{DJ} = \mathrm{DT}\cos\theta = (a-t)\cos\theta \qquad (\because \quad \mathrm{DT} = a - t)$$

$$\mathrm{DK} = \mathrm{CD}\sin\theta = \sin\theta \qquad (\because \quad \mathrm{CD} = 1)$$

なので,

$$\mathrm{KJ} = \mathrm{DJ} + \mathrm{DK} = (a-t)\cos\theta + \sin\theta$$

となるから, $\mathrm{KJ} = l$ より,

$$(a-t)\cos\theta+\sin\theta=l \tag{7.2}$$

を満たしながら t と θ は変化します。このように, t と θ は (7.2) の関係に縛られながら変化しますが, そのときの (7.1) で与えられる $f(\theta)$ の最大値が通過できるための廊下の幅になります。

次に, まず, (7.2) からどちらかの文字を消去します。(7.2) は t について解くことはできても θ について解くのは厳しいので, t について解きます。実際, (7.2) より,

$$a-t=\frac{l-\sin\theta}{\cos\theta}$$

$$\therefore \quad t=a-\frac{l-\sin\theta}{\cos\theta} \tag{7.3}$$

ここで, θ の取り得る範囲を調べておきます。それは, θ は, $0<\theta<\dfrac{\pi}{2}$ の一部しか動かないからです。つまり, θ は $0<\theta<\dfrac{\pi}{2}$ の中で, $t>0$ となる範囲しか動かない。この $t>0$ となる範囲は, (7.3) より,

$$a-\frac{l-\sin\theta}{\cos\theta}>0$$

$\cos\theta>0$ も考えて, これは,

$$a\cos\theta+\sin\theta>l \tag{7.4}$$

となって, この (7.4) を満たす範囲しか動かないのです。ここで, $0<\theta<\dfrac{\pi}{2}$ の範囲で, $a\cos\theta+\sin\theta=l$ を満たす θ は一つだけあるので, これを α とおくと, θ の取り得る範囲は,

$$0<\theta<\alpha\ \left(<\frac{\pi}{2}\right)$$

となります。

次に, (7.1) に代入すると,

$$f(\theta)=\left(a-\frac{l-\sin\theta}{\cos\theta}\right)\sin\theta+\cos\theta$$

$$= a\sin\theta - l\tan\theta + \frac{1}{\cos\theta}$$

次に $f(\theta)$ を微分すると,

$$f'(\theta) = a\cos\theta - \frac{l}{\cos^2\theta} + \frac{\sin\theta}{\cos^2\theta}$$
$$= \frac{1}{\cos^2\theta}(a\cos^3\theta + \sin\theta - l)$$

となります。ここで, θ は, $0 < \theta < \frac{\pi}{2}$ を満たすから $f'(\theta)$ の符号は $a\cos^3\theta + \sin\theta - l\ (= g(\theta))$ の符号と一致します。

$g(\theta)$ については, まず, 微分すると,

$$g'(\theta) = -3a\cos^2\theta\sin\theta + \cos\theta$$
$$= \cos\theta(-3a\sin\theta\cos\theta + 1)$$
$$= -\frac{3}{2}a\cos\theta\left(\sin 2\theta - \frac{2}{3a}\right)$$

となります。$0 < \theta < \frac{\pi}{2}$ の範囲には $\sin 2\theta = \frac{2}{3a}$ となる θ は 2 つありますので, それらを θ_1, θ_2 とします。ただし, $\theta_1 < \theta_2$ とします。この θ_1, θ_2 は,

$$0 < \theta_1 < \frac{\pi}{4} < \theta_2 < \frac{\pi}{2}$$

を満たしています。このうち θ_1 の方が重要です。仮に, θ が $0 < \theta < \frac{\pi}{2}$ の範囲を動けるとなると, $g(\theta)$ の増減は次のようになります。

θ	(0)	$\cdots$	θ_1	$\cdots$	θ_2	$\cdots$	$\left(\frac{\pi}{2}\right)$
$g'(\theta)$		$+$	0	$-$	0	$+$	
$g(\theta)$	$(a-l)$	$\nearrow$		$\searrow$		$\nearrow$	$(1-l)$

$a - l > 0$, $1 - l < 0$ も考えると, $y = g(\theta)$ のグラフは次のようになり (図は, $a = 3$, $l = 2$ の場合),

$$g(\theta_3) = 0,\ 0 < \theta_3 < \frac{\pi}{2}$$

を満たす θ_3 がただ一つ存在します。

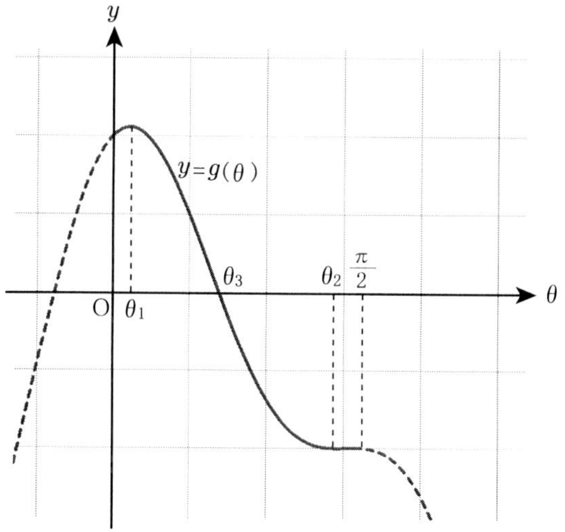

この θ_3 ですが, $g(\theta_3) = 0$, すなわち, $a\cos^3\theta_3 + \sin\theta_3 = l$ を満たすので,

$$a\cos\theta_3 + \sin\theta_3 > l$$

を満たします。つまり, $\theta = \theta_3$ は (7.4) を満たします。なぜなら, $0 < \cos\theta_3 < 1$ なので, $\cos^3\theta_3 < \cos\theta_3$ となり,

$$l = a\cos^3\theta_3 + \sin\theta_3 < a\cos\theta_3 + \sin\theta_3$$

となるからです。以上より, $0 < \theta < \alpha$ における $f(\theta)$ の増減は次のようになります。ここで, $f'(\theta)$ の符号は $g(\theta)$ の符号と一致することに注意してください。

θ	(0)	$\ldots$	θ_3	$\ldots$	(α)
$f'(\theta)$		$+$	0	$-$	
$f(\theta)$		$\nearrow$		$\searrow$	

ここまでで, $\theta = \theta_3$ のとき $f(\theta)$ は最大になることがわかりましたが, この最大値を代数的に求めることは困難です。したがって, $f(\theta)$ の最大値は, 次のように表しておきましょう。

$$\boldsymbol{(f(x)\text{ の最大値})= a\sin\theta - l\tan\theta + \frac{1}{\cos\theta}}$$

$$\textbf{ただし, }\boldsymbol{\theta}\textbf{ は }\boldsymbol{a\cos^3\theta + \sin\theta = l,\ 0 < \theta < \frac{\pi}{2}}\textbf{ を満たす実数}$$

例えば, $a = 3$, $l = 2$ の場合を考えてみましょう。このときは,

$$3\cos^3\theta + \sin\theta = 2,\ 0 < \theta < \frac{\pi}{2}$$

を満たす θ を計算アプリなどを用いて求めると,

$$\theta = 0.694858$$

となって, このとき, およそ

$$3\sin\theta - 2\tan\theta + \frac{1}{\cos\theta} = \mathbf{1.55559}$$

となります。つまり, 曲がった後の通路の幅がテーブルの短い方の辺の長さの約 1.56 倍の幅が曲がれるということになります。

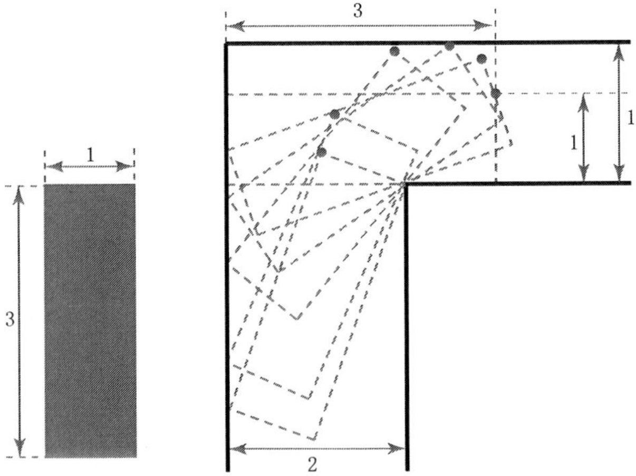

7.3 まとめ

縦の長さ a, 横の長さ 1 のテーブルが幅 l の縦方向の廊下を通り, その廊下と直角に交差する横方向の廊下を曲がれる条件は, 横方向の廊下の幅 m が次を満たすことである。ただし, $a > l > 1$ とする。

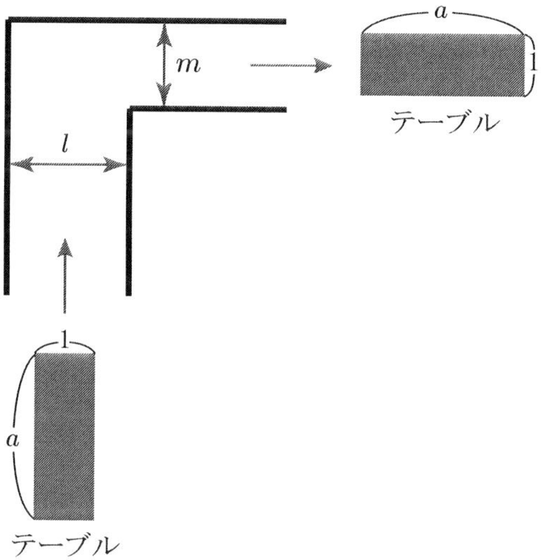

$\boldsymbol{a\cos^3\theta + \sin\theta = l,\ 0 < \theta < \frac{\pi}{2}}$ **を満たす** $\boldsymbol{\theta}$ **に対して,**

$$\boldsymbol{m \geq a\sin\theta - l\tan\theta + \frac{1}{\cos\theta}}$$

7.4 関連資料

前のページの m の最小値 $\left(a\sin\theta - l\tan\theta + \dfrac{1}{\cos\theta}\right)$ は a と l の値によって変化します。この m の最小値を記すと次のようになります。

前頁まとめの m の最小値

a \ l	1.5	2	2.5	3	3.5	4
2	1.334					
2.5	1.687	1.256				
3	2.069	1.556	1.213			
3.5	2.469	1.891	1.478	1.184		
4	2.882	2.247	1.780	1.425	1.164	
4.5	3.304	2.620	2.106	1.702	1.385	1.149

注　値は小数点第 4 位を切り上げたもの。

第8章　コンビニ出店問題

8.1　コンビニはどこに出店すべきか

ある通りにコンビニが出店したあとすぐに, 隣に別のコンビニが出店する様子を見たことはないでしょうか。もう少し離れて出店してくれれば便利なのにと思う人も少なくないことでしょう。

一方, これから出店したいと考えている一本の通りに後から別のコンビニが出店してくることがわかっているとすれば, 最初に出店するコンビニはどこに出店するとよいでしょうか。

次のような問題を考えてみましょう。

A 社がまだコンビニのない通りに新たにコンビニを出店したいと考えているとします。通りは, 1 本道でその通りにいる住民がコンビニを利用するものとします。

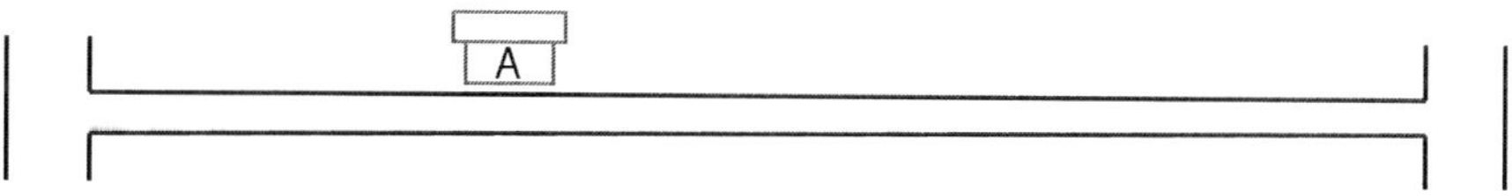

そして, その通りにそのコンビニが 1 軒であれば, その通りの住民がそのコンビニを使うのですが, 後から B 社がコンビニを出店すると, 客を分け合ってしまいます。

具体的にどのように分け合うかというと,

客はつねに近い方のコンビニを利用する

という法則に従うものとします。

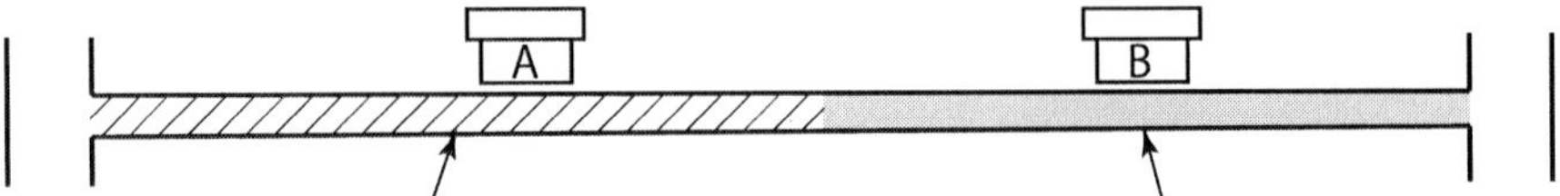

もちろん, A社, B社のコンビニはそれぞれなるべく多くの客を集客したいと考えます。では, まずB社はどのような位置に出店するとよいでしょうか。

この問いの答は, 後から来たB社がA社にぴったりつけるというものです。もちろん, 広く空いている方につけるのです。

(i) Aの右側が広い場合

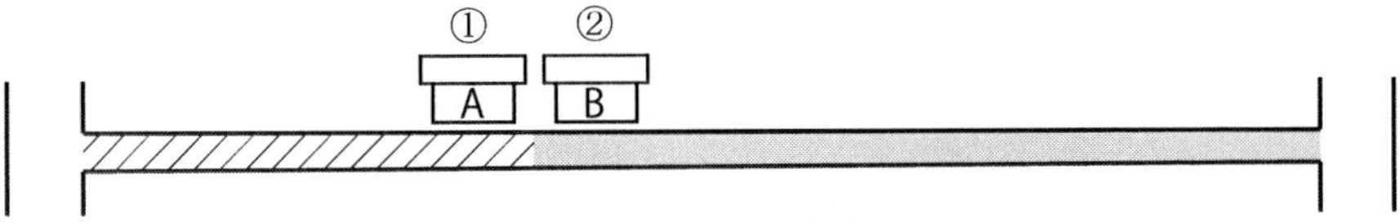

① まず, コンビニAがこの位置に出店する。
② それを見て, 後からコンビニBがこの位置に出店する。

(ii) Aの左側が広い場合

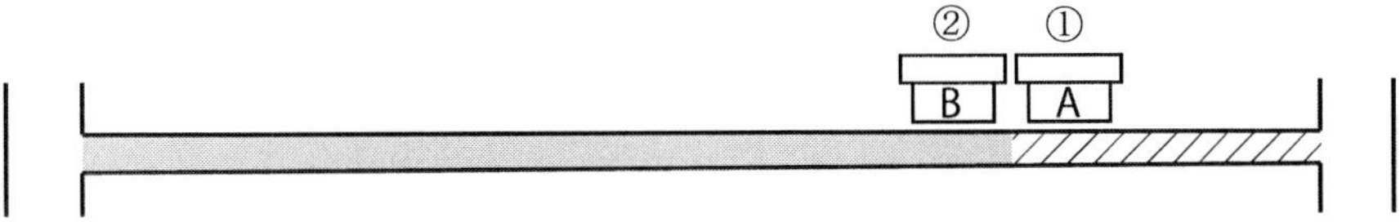

① まず, コンビニAがこの位置に出店する。
② 後から出店するコンビニBは通りの広い方にピタリとつける。

こうすることで, B社のコンビニは通りの多くの客をA社から奪うことができるのです。実は, これがコンビニがよく隣り合っている理由の一つでもあるのです。

それでは, 最初に出店する A 社のコンビニは, なるべく客を取られないようにするにはどこに出店するとよいのでしょうか。

この問いに対する答は, A 社が通りの真ん中に出店することです。それが無理なら可能な限り真ん中に出店することです。

ここで, 追加のルールですが, コンビニ B が A の正面に出店した場合は,

「等距離にコンビニが 2 つあるときは客はその 2 つのコンビニを同じ頻度だけ利用する」

ということにします。このことも考えて, コンビニ A は最初に通りの中央に出店するといいのです。A が出店したのを見て, コンビニ B は A の正面に出店します。なぜなら, これが B にとって最善策で, こうすることで, 通りの住人の半数ずつを取り合うことになります。

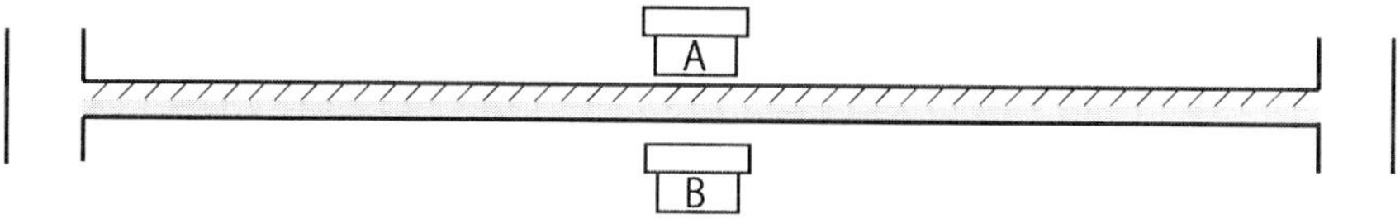

これで一件落着のようですが, 実は, 3 社目のコンビニ C が出店するとなればどうでしょうか? つまり, コンビニ A, B, C はライバル関係にあって, 1 社が出ると他の 2 社もいずれ出て来るということになっているということは珍しくありません。

さて, 先ほどの「最初に出店する A は通りの中央に出店する」ではどうかというと, これはよい方法ではないのです。なぜなら, コンビニ A が通りの中央に出店して, それを見て B も A の正面に出店したとする。それを見て, 満を持してコンビニ C が A のとなりにピタリとつけるとどうなるでしょうか。

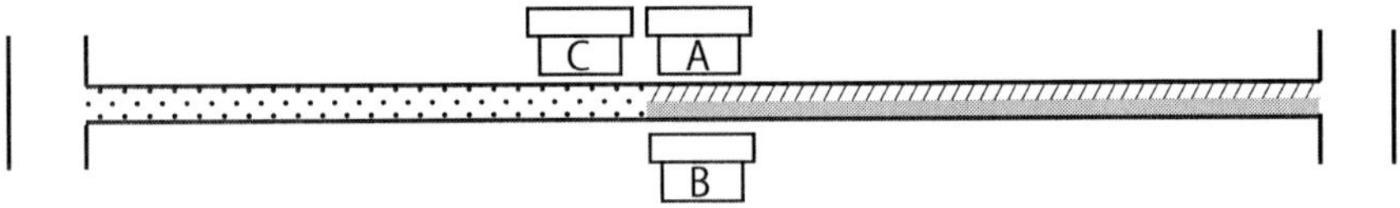

こうなると，コンビニ A, B は全体の $\frac{1}{4}$ しか客をとれないのに対して，コンビニ C はほぼ $\frac{1}{2}$ をとることになるのです。こうなるくらいだったら最初に A はもっと別の場所にあればよかったのではないのかということになります。もちろん，B も後から C が出店することを考えて，B にとって最善の方法をとるものとします。そのことも考えて，A は最初にどこに出店すべきかがこの章のテーマです。

8.2　理論編

8.2.1　問題点の整理

この問題を数学の問題として捉えて解決していきましょう。

1　問題を数学的に設定する

もう一度, 状況を整理しましょう。ここでは, ある通りにコンビニ A, B, C が出店する場合を考えます。次のルールに基づいて出店します。

(a) A, B, C の順に出店する。

(b) どのコンビニも, まず自分の店の集客率が最も大きくなるような位置を選ぶ。ここで, 客は最も近いコンビニのみを利用するものとし, 最も近いコンビニが複数あるときは等確率でそれらを選ぶ。

(c) 集客が最も大きくなるような位置が複数ある場合は, 残りのコンビニの集客率の最大値が最小になるように選ぶ。

ここで, (a) についてですが, 次のように補足しておきます。

- C はその時点 (A, B が置かれた時点) で集客率が最大になる位置を選ぶ。
- B は C が C の集客率が最大になるように出店することを仮定して, 最も集客できる位置を選ぶ。
- A は, B, C がそれぞれの集客率が最大になるように行動することを見越して, A 自身の集客率が最大になる位置を選ぶ。

また, (b) についてですが, 各コンビニは集客率の順位を競うのではなく, あくまでもそのコンビニの集客率を大きくすることのみを考えて行動するものとします。

注

例えば, 通りの客のコンビニ利用率が,

(ケース 1) A は 10 %, B は 40 %, C は 50 %

(ケース 2) A は 30 %, B は 37 %, C は 33 %

の場合を比べると, (ケース 1) は B は 2 番目に多いものの 40 %を集めています。これに対し, (ケース 2) では 1 番目に多いものの 37 %です。このような場合, B は (ケース 1) になる方を選択します。

さて, この状況を以下のように, 数学でモデル化します。

まず, 通りは, 数直線の区間 $I = [0,1]$ であるとして, コンビニ A, B, C の位置を A(a), B(b), C(c) とします。コンビニは, 大きさを考えず点とみなします。そして, 客は, この区間 $[0,1]$ に一様に分布していることとして, その総和は 1 とします。A. B, C はこの順に置かれます。

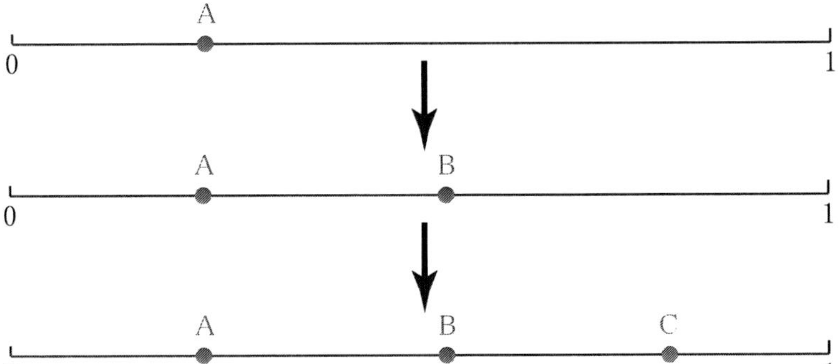

2 集客率 $f(\mathbf{A}), f(\mathbf{B}), f(\mathbf{C})$ の定義

I 上の点で A, B, C のうち A が最も近い点である点全体を区間 I_{A} で表すことにします。同様に, $I_{\mathrm{B}}, I_{\mathrm{C}}$ も同じように定義します。次に, 区間 $I_{\mathrm{A}}, I_{\mathrm{B}}, I_{\mathrm{C}}$ の長さを $f(\mathrm{A}), f(\mathrm{B}), f(\mathrm{C})$ と定義します。ただし, $a=b$ の場合は I_{A} (あるいは I_{B}) の長さの半分を $f(\mathrm{A})$ $(= f(\mathrm{B}))$ とします。また, $a=b=c$ の場合は, $f(\mathrm{A}) = f(\mathrm{B}) = f(\mathrm{C}) = \dfrac{1}{3}$ です。この $f(\mathrm{A}), f(\mathrm{B}), f(\mathrm{C})$ が, 3 つのコンビニの集客率を表します。

注

I_{A} は点が追加されると変わることがあります。

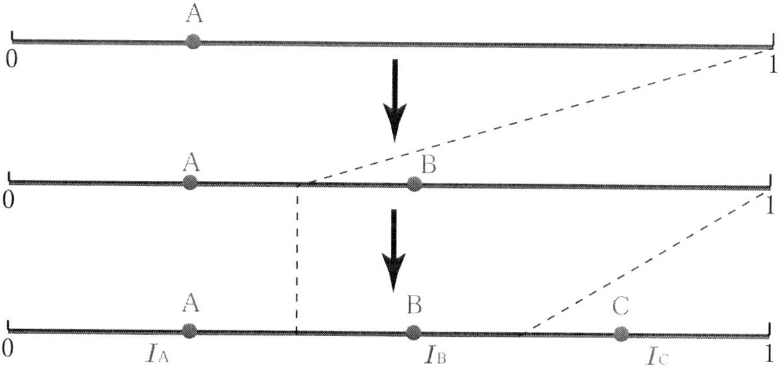

3 A, B, C はどのような規則にもとづいて置かれるか

A, B, C は, それぞれ $f(\mathrm{A}), f(\mathrm{B}), f(\mathrm{C})$ が最大になる位置に置こうとされます。ただし, A は, B, C がその後に置かれることを見越し, B は C がその後に置かれることを見越して置かれます。もう少し丁寧に説明すると次のようになります。

(1) C は, A, B が置かれた後に置くので, A, B が置かれた位置を見て, 最も

$f(\mathrm{C})$ が大きくなる位置に置かれる。

$f(\mathrm{C})$ を最大にする C の位置が複数ある場合は, $f(\mathrm{A})$ と $f(\mathrm{B})$ の最大値が最小になるように置く。これは, A, B が連続的に移動できる場合は $f(\mathrm{A}) = f(\mathrm{B})$ となるように置くことと同じことである。

(2)　B は, B が置かれた後に $f(\mathrm{C})$ が最大になる位置に C が置かれることを想定して, $f(\mathrm{B})$ が最大になるように置かれる。

B の置かれた位置に対し, $f(\mathrm{C})$ が最大になる位置が複数ある場合は, C がそれらの位置を等確率で選ぶと考え, そのときの $f(\mathrm{B})$ の値の期待値 (平均値) が $f(\mathrm{B})$ になる。

(3)　A は, A が置かれた後に B, C が (1), (2) の条件を満たすように置かれることを想定し, $f(\mathrm{A})$ が最大になるように置かれる。

A の位置に対し, B の置き方が複数ある場合は, B がそれらを等確率で選ぶと考え, そのときの $f(\mathrm{A})$ の期待値を $f(\mathrm{A})$ とする。

4　知りたいことは?

A の集客率 $f(\mathrm{A})$ を最大にできる A の位置を求めることがここで知りたいことです。それは, その後で, B, C が A が置かれた位置を見てそれぞれが最良の位置に置かれることを前提とします。

8.2.2　問題の解決に向けて

まず, 2 点だけ置かれる場合を考え, その後で 3 点の場合を考えていくことにします。

[1] 2 点 A, B だけの場合

A の位置を固定し, B を I 上で動かすことを考えます。$f(\mathrm{B})$ は b の関数ですので, これを $\varphi(b)$ で表します。

まず, A を次の位置に固定します。

次に, B の位置によって場合分けして $\varphi(b)$ を求めます。

(i) $0 \leq b < a$ のとき

A と B の中間地点は, $x = \dfrac{a+b}{2}$ です。

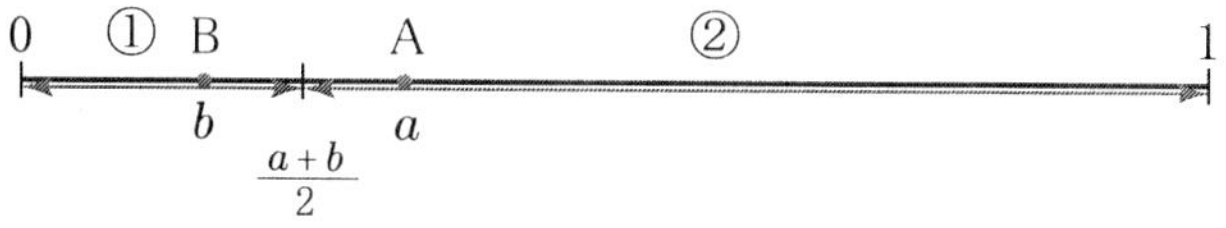

したがって, $I_{\mathrm{B}} = \left[0, \dfrac{a+b}{2}\right]$ (図の ① の部分) であるので,

$$\varphi(b) = \frac{a+b}{2}$$

となります。

(ii) $b = a$ のとき

この場合は, 区間 I を A と B で分け合う形になります。

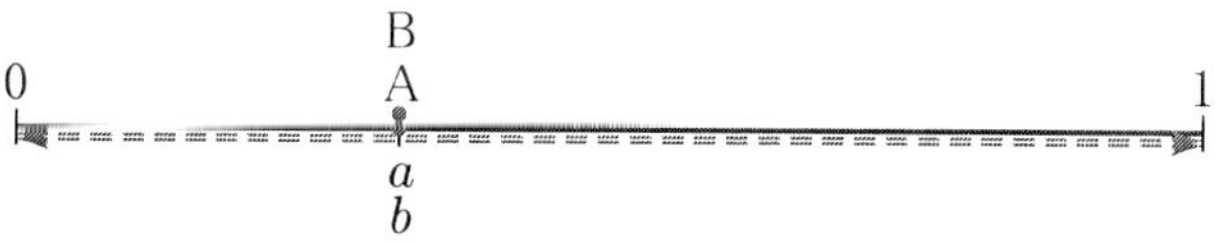

したがって,

$$\varphi(b) = \frac{1}{2}$$

となります。

(iii) $a < b \leq 1$ のとき

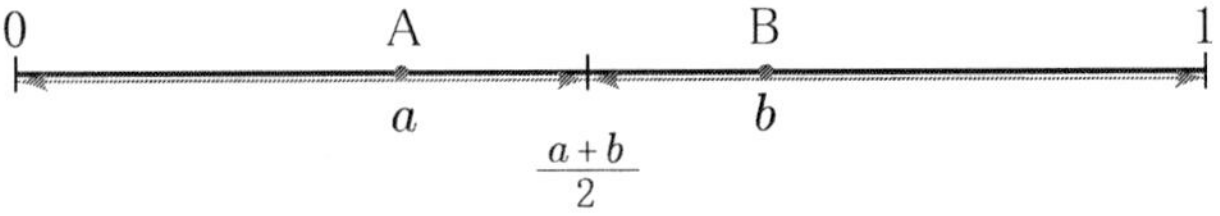

$I_{\mathrm{B}} = \left[\dfrac{a+b}{2}, 1\right]$ であるから,

$$\varphi(b) = 1 - \frac{a+b}{2}$$

となります。

以上より, $\varphi(b)$ は次のようになります。

$$\varphi(b) = \begin{cases} \dfrac{a+b}{2} & (0 \leq b < a) \\ \dfrac{1}{2} & (b = a) \\ 1 - \dfrac{a+b}{2} & (a < b \leq 1) \end{cases}$$

$y = \varphi(b)$ のグラフを描くと次のようになります。

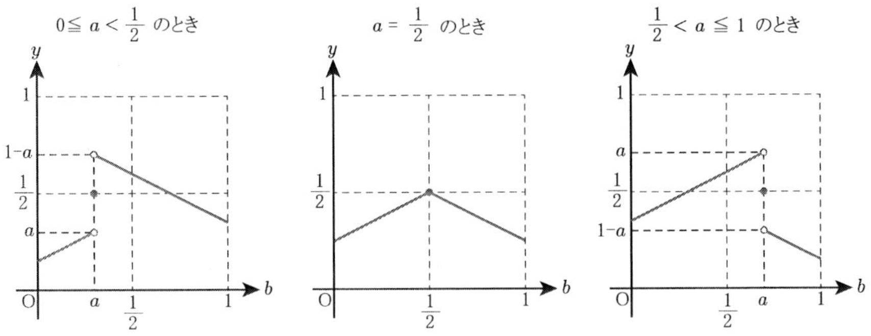

このグラフからもわかるように, $0 \leq a < \dfrac{1}{2}$ のとき $\varphi(b)$, すなわち $f(\mathrm{B})$ を限りなく大きくするためには, b が a より大きい方から a に限りなく近づけた場合です。つまり, A が B の右隣りにピタリとつけた場合に $f(\mathrm{B})$ は最大にな

り[1], この様子を,

$$\varphi(a+0) = 1-a$$

と表現することにします。

a が $a > \frac{1}{2}$ で固定した場合は, 最大となるのは, $b = a-0$ の場合で,

$$\varphi(a-0) = a$$

です。

また, $a = \frac{1}{2}$ のときは, $b = \frac{1}{2}$ で $\varphi(b)$ は最大となり,

$$\varphi\left(\frac{1}{2}\right) = \frac{1}{2}$$

となります。

ここまででわかるように, $a \neq \frac{1}{2}$ のときは, B が A にピタリとつけられて $f(\mathrm{B}) > \frac{1}{2}$ となってしまい, これは, $f(\mathrm{A}) < \frac{1}{2}$ となることと同じです。これに対し, $a = \frac{1}{2}$ のときは, $\varphi(b) \leq \frac{1}{2}$ であり, 等号が成り立つのは (B が置きたがる位置は), $b = \frac{1}{2}$ のときです。このとき, $f(\mathrm{A}) = \frac{1}{2}$ となります。

以上をまとめると次のようになります。

- $a \neq \frac{1}{2}$ なら, B にうまく置かれて $f(\mathrm{A}) < \frac{1}{2}$ となってしまう。
- $a = \frac{1}{2}$ なら, B がどのような位置にあっても $f(\mathrm{B}) \leq \frac{1}{2}$ である。 この場合, B は $f(\mathrm{B}) = \frac{1}{2}$ となるように置かれ, このとき $f(\mathrm{A}) = \frac{1}{2}$ である。

結論を簡単に記すと次のようになる。

A の後に B が置かれるだけならば, A は $\boldsymbol{x = \frac{1}{2}}$ に置くとよい。

[1]正確には, このときの値は最大値ではなく, 上限である。

[2] 3 点 A, B, C が置かれる場合

対称性から $0 \leq a \leq \dfrac{1}{2}$ としても一般性を失わないので, 以下は, $0 \leq a \leq \dfrac{1}{2}$ とします。しばらくは a は固定します。

(1) A, B の位置を見て, C はどこに置かれるか

C は, A と B が置かれてから置かれますが, どこに置くかは, 先に置かれている A と B の位置により異なります。a を固定し, 様々な b に対して C はどこに置かれるかを調べてみます。まず, b の位置を

(i) $0 \leq b < a$ の場合

(ii) $b = a$ の場合

(iii) $a < b \leq 1$ の場合

に分類します。

ここで, (i), (ii) の場合は $c = a + 0$ の位置にあれば $f(\mathrm{C})$ の上限は $1 - a$ となって, これは, $a \leq \dfrac{1}{2}$ も考えると, この $1 - a$ は,

$$1 - a \geq \frac{1}{2}$$

を満たします。一方, $c \leq a$ の場合は $f(\mathrm{C}) < \dfrac{1}{2}$ となり, $1 - a$ より大きくなることはありませんから, C が区間 $[0, a]$ に置かれることはありません。つまり, $b \leq a$ の場合は C は $x = a + 0$ に置かれ, このとき,

(i) $0 \leq b < a$ ならば $f(\mathrm{B}) = \dfrac{a+b}{2}\ (< a)$

(ii) $b = a$ ならば $f(\mathrm{B}) = \dfrac{a}{2}$

となります。ここから, B が区間 $[0, a]$ に置かれる場合は, $x = a - 0$ の位置が $f(\mathrm{B})$ が最も大きくなることがわかり, そのとき, $f(\mathrm{B})$ の上限が a であることもわかります。

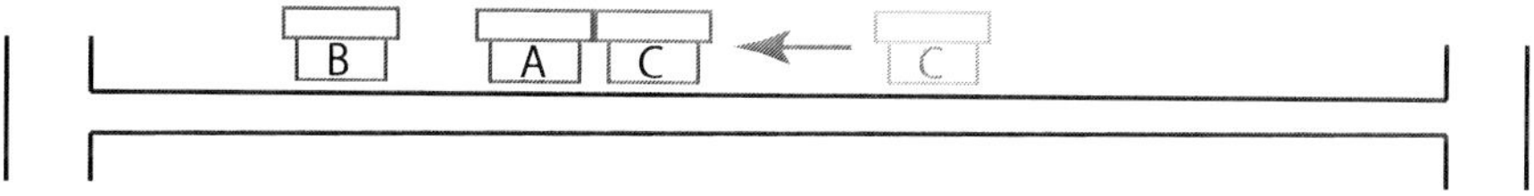

(iii) $a < b \leq 1$ の場合

この場合が複雑です。C の位置が次のような場合で分類されます。

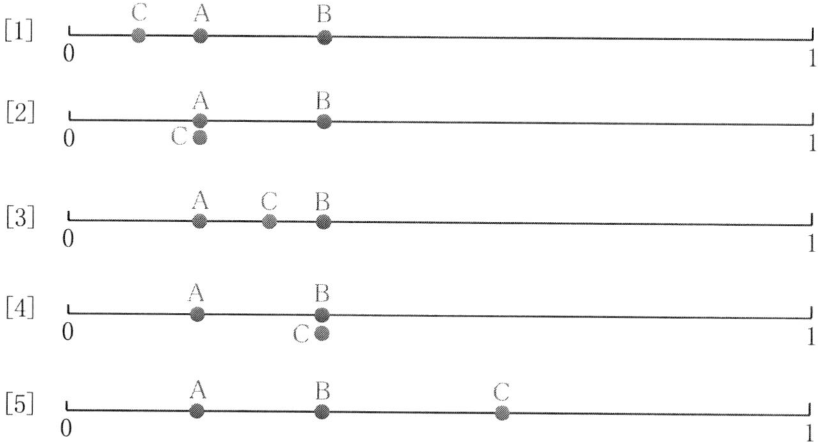

この 5 通りの C の位置に対して, $f(\mathrm{C})$ は次のようになる。

[1] $0 \leq c < a$ のとき

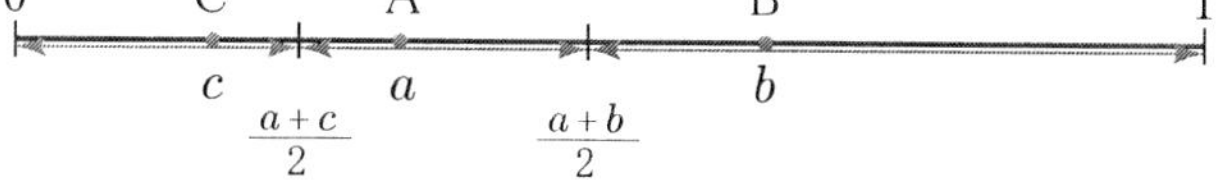

$$f(\mathrm{C}) = \frac{a+c}{2}$$

であり, このとき,

$$f(\mathrm{A}) = \frac{a+b}{2} - \frac{a+c}{2} = \frac{b-c}{2}$$

$$f(\mathrm{B}) = 1 - \frac{a+b}{2}$$

[2] $c = a$ のとき

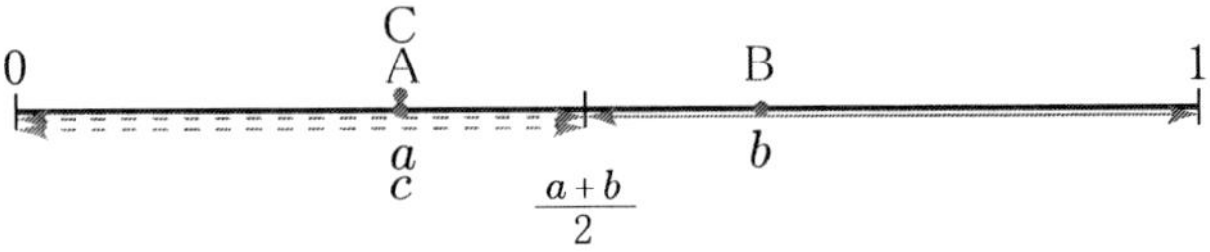

$$f(\mathrm{C}) = \frac{a+b}{4}$$

であり, このとき,

$$f(\mathrm{A}) = \frac{a+b}{4}$$

$$f(\mathrm{B}) = 1 - \frac{a+b}{2}$$

[3] $a < c < b$ のとき

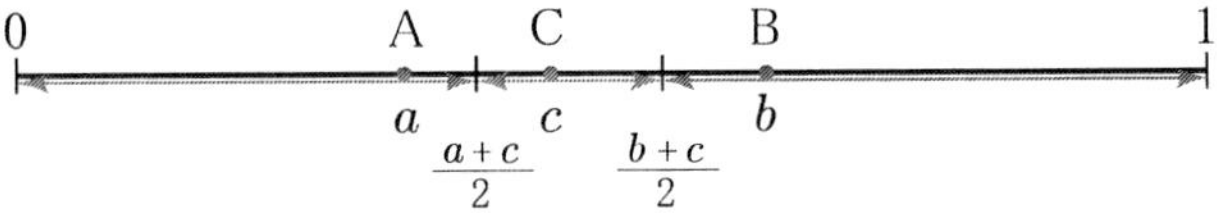

$$f(\mathrm{C}) = \frac{b+c}{2} - \frac{a+c}{2} = \frac{b-a}{2}$$

であり, このとき,

$$f(\mathrm{A}) = \frac{a+c}{2}$$

$$f(\mathrm{B}) = 1 - \frac{b+c}{2}$$

[4] $c = b$ のとき

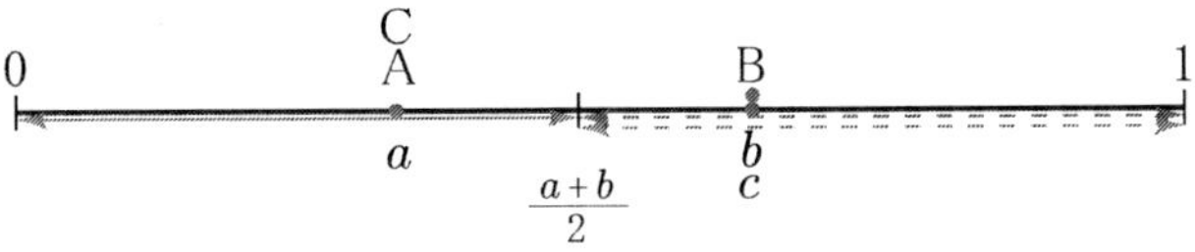

$$f(\mathrm{C})=\frac{1}{2}\left(1-\frac{a+b}{2}\right)=\frac{1}{2}-\frac{a+b}{4}$$

であり, このとき,

$$f(\mathrm{A})=\frac{a+b}{2}$$

$$f(\mathrm{B})=\frac{1}{2}-\frac{a+b}{4}$$

[5] $b<c\leq 1$ のとき

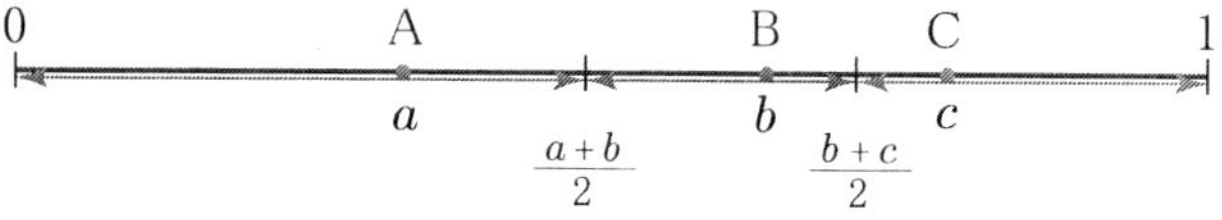

$$f(\mathrm{C})=1-\frac{b+c}{2}$$

であり, このとき,

$$f(\mathrm{A})=\frac{a+b}{2}$$

$$f(\mathrm{B})=\frac{b+c}{2}-\frac{a+b}{2}=\frac{c-a}{2}$$

これらをまとめて次のようになります。

c	0	…	a	…	b	…	1
$f(\mathrm{C})$		$\frac{a+c}{2}$	$\frac{a+b}{4}$	$\frac{b-a}{2}$	$\frac{1}{2}-\frac{a+b}{4}$	$1-\frac{b+c}{2}$	
上限		a		$\frac{b-a}{2}$		$1-b$	

[1], [5] における $f(\mathrm{C})$ の上限を U_1, U_5 とし, [2], [3], [4] における $f(\mathrm{C})$ の値を U_2, U_3, U_4 とおくと,

$$U_1=a,\ U_2=\frac{a+b}{4},\ U_3=\frac{b-a}{2},\ U_4=\frac{1}{2}-\frac{a+b}{4},\ U_5=1-b$$

となります。$U_2 = \dfrac{U_1 + U_3}{2}$, $U_4 = \dfrac{U_3 + U_5}{2}$ であるから, 実質,

$$U_1 = a, \quad U_3 = \frac{b-a}{2}, \quad U_5 = 1 - b$$

の大小で C の位置が決まります。

(2) B の集客率 f(B) を最大にする B の位置

f(B) の値は, f(C) が a, $\dfrac{b-a}{2}$, $1-b$ の中で最も大きい値をとるときの C の位置で決まります。

ここで, この 3 数の大小ですが,

$$a < \frac{b-a}{2} \iff b > 3a$$

$$a < 1 - b \iff b < 1 - a$$

$$\frac{b-a}{2} < 1 - b \iff b < \frac{a+2}{3}$$

より, a, $\dfrac{b-a}{2}$, $1-b$ の大小は, b と $3a$, $\dfrac{a+2}{3}$, $1-a$ の大小によって決まります。

ここで, 3 点 L($3a$), M$\left(\dfrac{a+2}{3}\right)$, N($1-a$) を設定すると, これらは次のような意味をもちます。(O(0), E(1) とします。)

[1]
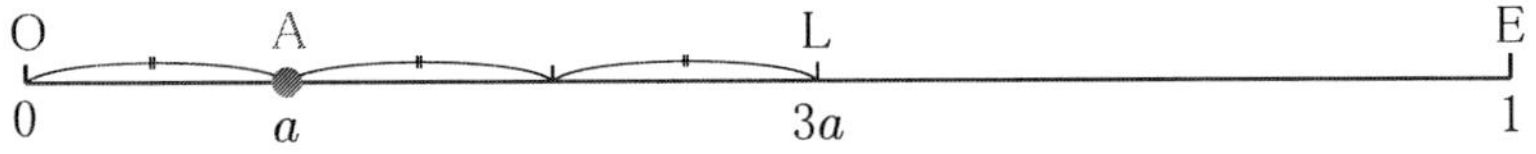

[2]
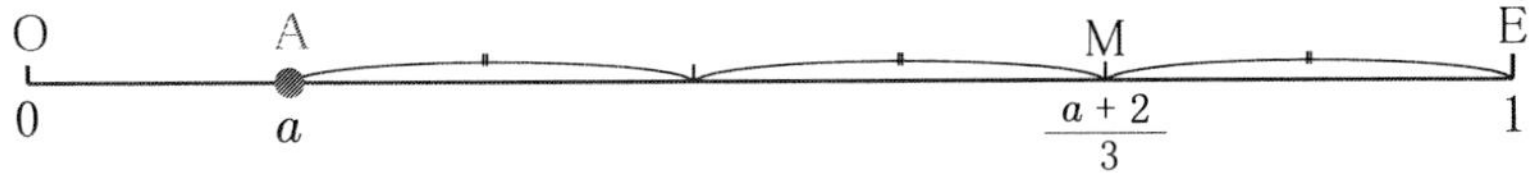

[3]
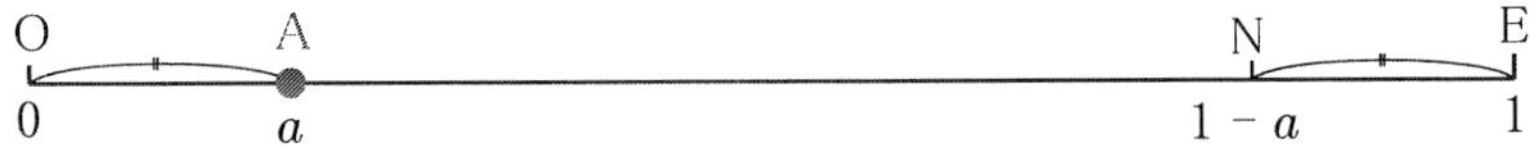

なお, $3a$, $\dfrac{a+2}{3}$, $1-a$ の大小は, a の値によって異なります。

注

これについては, $b=3a$, $b=\dfrac{a+2}{3}$, $b=1-a$ のグラフが次のようになることを参照するとよい。

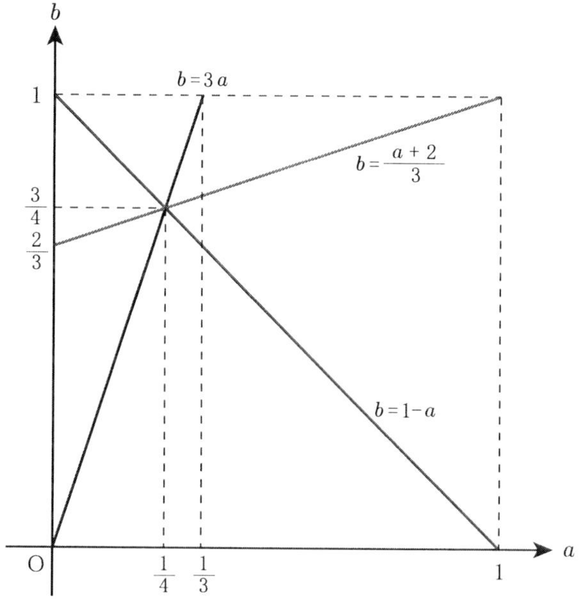

(i) $0<a<\dfrac{1}{4}$ のとき

$$(0<a<)\ 3a<\frac{a+2}{3}<1-a$$

の順に並びます。 このとき, B は $x=\dfrac{a+2}{3}$ に配置すると C は A と B の間の $x=\dfrac{2-2a}{3}$ に入り, $f(\mathrm{B})$ は最大になります[2]。そのとき,

[2]p. 140 の関連資料 1 参照。

$$f(\mathrm{B}) = \frac{1}{2}\left\{1 - \frac{1}{2}\left(\frac{a+2}{3} - a\right)\right\}$$
$$= \frac{a+2}{6}$$

となりますが, このとき $f(\mathrm{A})$ の値も同じ値です。

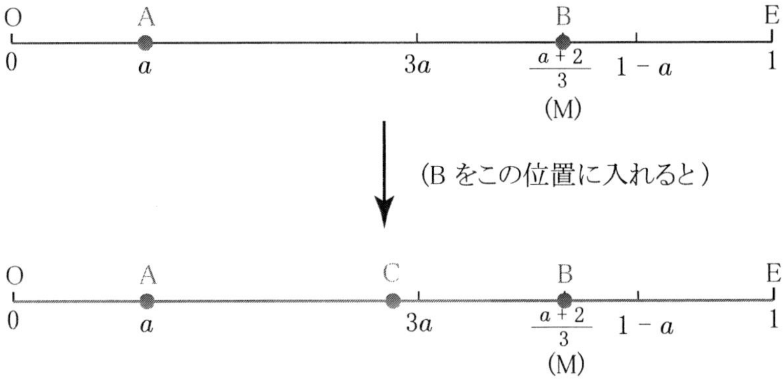

(C は自身の集客数が最大になるこの位置に入る。)

注

B が $x = \frac{a+2}{3}$ に出店した場合, C が $\frac{2-2a}{3}$ に出店する理由は, ルールの (c) による。つまり, C が最大になる位置が複数ある場合は, $f(\mathrm{A})$, $f(\mathrm{B})$ の大きい方が最小になるようにする, すなわち, $f(\mathrm{A}) = f(\mathrm{B})$ なるように C が出店することから, C は $x = \frac{2-2a}{3}$ に出店します。

(ii) $\frac{1}{4} < a < \frac{1}{2}$ のとき

このときは,

$$(0 < a <)\ 1 - a < \frac{a+2}{3} < 3a$$

となります。ただし, $a > \frac{1}{3}$ となると $3a > 1$ となってしまうので, $\mathrm{L}(3a)$ は線分 OE からはみ出すことになりますが, 結果には影響しません。

さて, この場合は, B が $x = (1-a)+0$ に出店すると, C が $x = a - 0$ に出店し, このとき $f(\mathrm{B})$ も最大 (実際は上限をとること) になります。

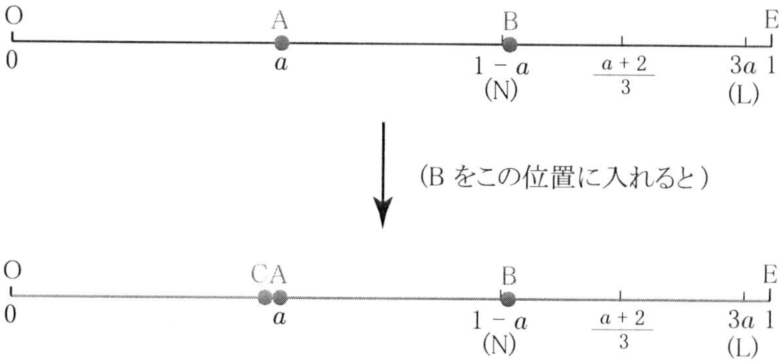

(C は自身の集客数が最大になるこの位置に入る。)

今度は, $x = 1-a$ ではなく, $x = (1-a)+0$ に注意してください。$x = 1-a$ にすると, C が $x = (1-a)+0$ に出店する可能性も出てきて $f(\mathrm{B})$ は減ります。このような場合は 2 つのケースの平均をとることになるので $x = (1-a)+0$ にして, C が確実に A の左側に出店してもらえるようにするのです。

さて, このとき, B を使う客の存在範囲は, $\left[\dfrac{1}{2}, 1\right]$ となるので,

$$f(\mathrm{B}) = \frac{1}{2}$$

です。このように, 後から出店して客の半分をとることができ, 一方, $f(\mathrm{A}) = \dfrac{1}{2} - a$ で, これは $\dfrac{1}{4}$ より小さいので, 完全に A の戦略ミスということになります。

(iii) $a = \dfrac{1}{4}$ のとき

この場合は,

$$3a = \frac{a+2}{3} = 1 - a = \frac{3}{4}$$

となります。

まず, $b=\dfrac{3}{4}$ とすると, C は $\left[\dfrac{1}{4}, \dfrac{3}{4}\right]$ に出店すると $f(\mathrm{C})=\dfrac{1}{4}$ となりますが, ルール (c) があるので, $x=\dfrac{1}{2}$ に出店します。この場合, $f(\mathrm{B})=\dfrac{3}{8}$ です。

次に, $b<\dfrac{3}{4}$ とすると, C は A, B の右側にある店の右側にピタリとつけてきます。つまり,

$$b \leq a \text{ なら} \quad c=a+0$$

$$a<b \text{ なら} \quad c=b+0$$

にします。こうすることで, $f(\mathrm{C})$ は最大にできます。しかし, そうすると $f(\mathrm{B})<\dfrac{1}{4}$ となってしまい, 先ほどの $\dfrac{3}{8}$ より小さくなります。

次に, $b>\dfrac{3}{4}$ とすると, $c=b-0$ となり, このとき $f(\mathrm{B})=1-b<\dfrac{1}{4}$ となります。したがって, $b=\dfrac{3}{4}$ にして $f(\mathrm{B})=\dfrac{3}{8}$ $(=0.375)$ を確保した方がよいということになります。

これまでをまとめてみましょう。

A の位置 a に対して, $f(\mathrm{B})$ を最大にする b の値を β, そのときの $f(\mathrm{B})$ の値を M_{B}, そのときの $f(\mathrm{A})$ の値を M_{A} とします。

a	β	M_{B}	M_{A}
$0<a<\dfrac{1}{4}$	$\dfrac{a+2}{3}$	$\dfrac{a+2}{6}$	$\dfrac{a+2}{6}$
$a=\dfrac{1}{4}$	$\dfrac{3}{4}$	$\dfrac{3}{8}$	$\dfrac{3}{8}$
$\dfrac{1}{4}<a<\dfrac{1}{2}$	$(1-a)+0$	$\dfrac{1}{2}$	$\dfrac{1}{2}-a$

今考えているのは, 最初に出店する A がどこに出店した方がよいかということ, すなわち, M_{A} を最大にする a の値です。M_{A} を a の関数と見て $F(a)$ とおくと, 表より,

$$F(a)=\begin{cases}\dfrac{a+2}{6} & \left(0<a<\dfrac{1}{4}\right)\\ \dfrac{3}{8} & \left(a=\dfrac{1}{4}\right)\\ \dfrac{1}{2}-a & \left(\dfrac{1}{4}<a<\dfrac{1}{2}\right)\end{cases}$$

となり, これのグラフは次のようになります。

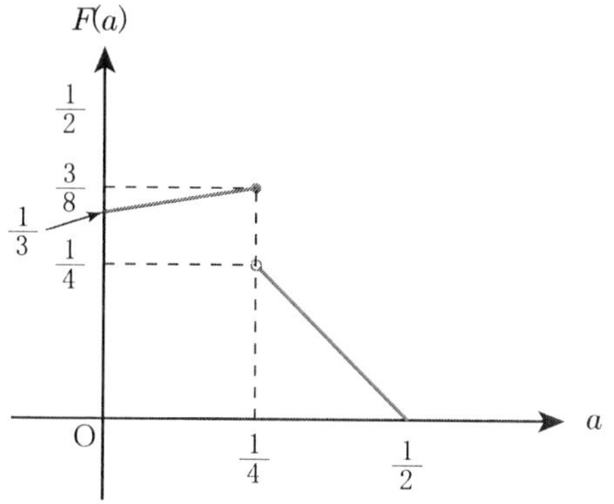

ここから, A は, 集客率を上げるには, $x=\dfrac{1}{4}$ に出店するとよいということになります。なお, このときの A の集客率は $\dfrac{3}{8}$ であって, 三等分したときの $\dfrac{1}{3}$ より大きくなります。

なお, B は, C の出店を考えて $x=\dfrac{3}{4}$ に出店するはずで, その後で, C がどこに出店してきても全体の $\dfrac{1}{4}$ 以下しか客をとれないので, 出店をやめても A は B と半分ずつ通りの客をとることになるので, A にとってはよい結果になります。

8.3　まとめ

「コンビニ出店問題」とは, **「コンビニはどこに出店したらよいか」**というもので, ここでは次のようなものです。

> 「ある直線の通りにコンビニ A, B, C が進出しようと考えている。まず, A が出店し, A の出店した位置を見て B が出店する場所を決める。そして, その後で, A, B の位置を見てから C が出店する位置を決める。このとき, 最初に進出した A はどこに出店するともっとも多くの客を集めることができるか」

という内容です。このとき, 客はつねに, 客から最も近いコンビニのみを使うということにします。

結論 1　後から出店するコンビニが 1 軒の場合

コンビニ A の後から出店するコンビニがコンビニ B だけであることがわかっている場合, A は次のようにします。

A は通りの中央に出店するとよい。

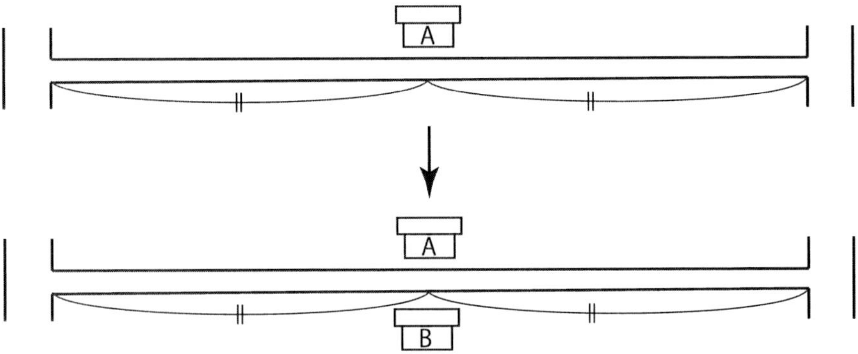

このとき, B はできるだけ多くの客を確保しようとして, A の正面, あるいは A のすぐとなりに出店してきますが, 集客率 $\frac{1}{2}$ を確保できます。

結論 2　後から出店するコンビニが 2 軒の場合

コンビニ A の後に, コンビニ B, コンビニ C が出店する場合ことがわかっている場合は, A は次のようにします。

通りを 1 : 3 あるいは 3 : 1 に内分する点に出店するとよい

このとき, 次に出店するコンビニ B は 3 : 1 あるいは 1 : 3 に内分する点に出店し, 最後に出店する C は通りの中央に出店します。このようにすると, A は集客率 $\frac{3}{8}$ を確保できます。

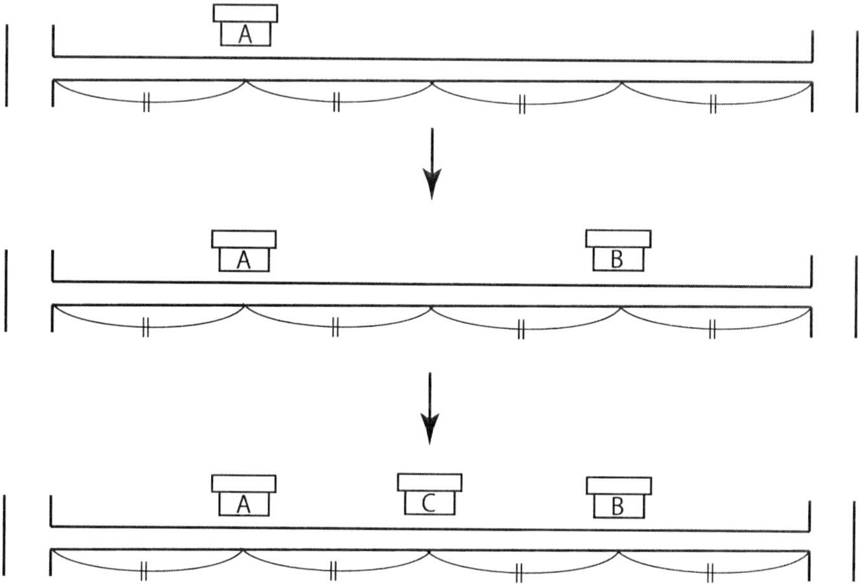

8.4　関連資料

1　本文中の $f(\mathbf{C})$ が最大になるときの $f(\mathbf{B})$ の値について

本文中の $f(\mathrm{C})$ を $\varphi(c)$ で定義しました。これは, 次のようになりました。

$$\varphi(c)=\begin{cases}\dfrac{1}{2}c+\dfrac{a}{2} & (0\leq c<a)\\ \dfrac{a+b}{4} & (c=a)\\ \dfrac{b-a}{2} & (a<c<b)\\ \dfrac{1}{2}-\dfrac{a+b}{4} & (c=b)\\ -\dfrac{1}{2}c+1-\dfrac{b}{2} & (b<c\leq 1)\end{cases}$$

このグラフは場合分けが多いのですが, $0\leq a<\dfrac{1}{4}$ の場合で描くと, 次のようになります。b の値で場合分けをして描きますが, $b>a$ の場合を描くこととします[3]。ここで, $0\leq a<\dfrac{1}{4}$ のとき, $(a<)\ 3a<\dfrac{a+2}{3}<1-a$ であることにも注意してください。

(i)　$a<b<3a$ のとき

$$\frac{b-a}{2}<a<1-b$$

となるので, $y=\varphi(c)$ のグラフは右のようになる。

この場合, C は $x=b+0$ に出店し, $f(\mathrm{C})=1-b$ である。

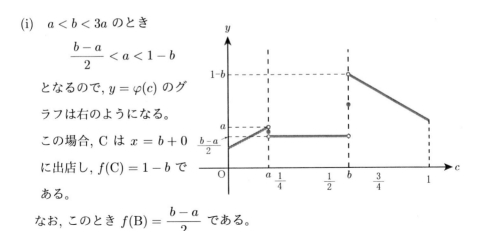

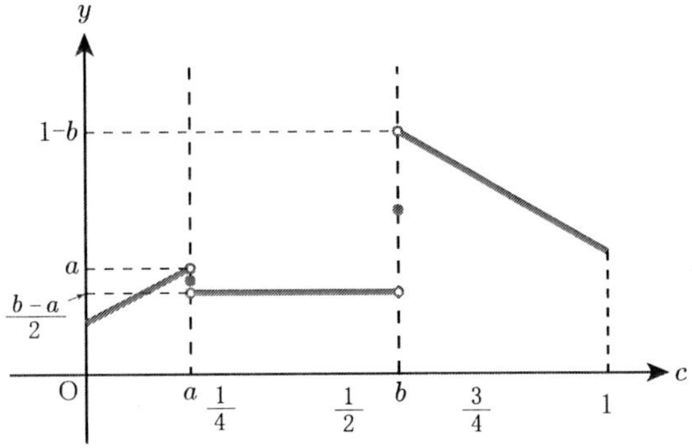

なお, このとき $f(\mathrm{B})=\dfrac{b-a}{2}$ である。

---

[3] B のことを考えれば, $b\leq a$ となる位置に B は置かれないので, この場合は考えないことにします。

(ii) $b=3a$ のとき

$a=\dfrac{b-a}{2}<1-b$ であるから, $y=\varphi(c)$ のグラフは右のようになる。

この場合も C は $x=b+0$ に出店する。 $f(\mathrm{C})=1-b$ である。

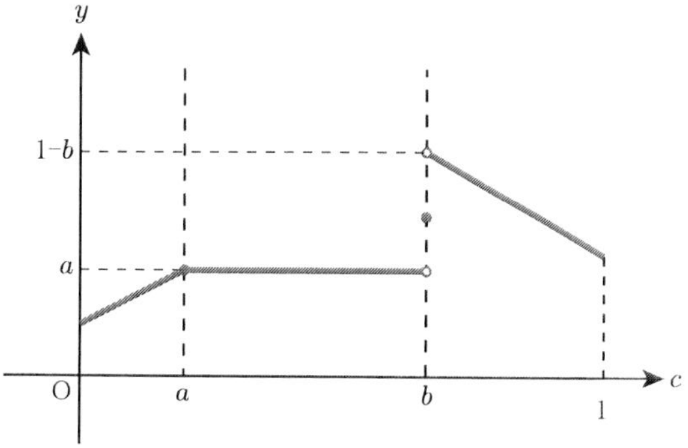

また, このとき,

$$f(\mathrm{B})=\frac{b-a}{2}$$
$$=a \quad (\because \quad b=3a)$$

である。

(iii) $3a<b<\dfrac{a+2}{3}$ のとき

$a<\dfrac{b-a}{2}<1-b$ であるから, $y=\varphi(c)$ のグラフは右のようになる。

この場合も C は $x=b+0$ に出店する。このとき, $f(\mathrm{C})=1-b$ である。

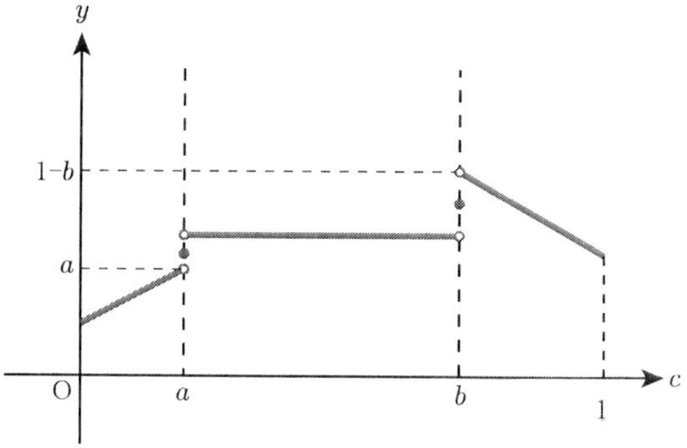

また, $f(\mathrm{B})=\dfrac{b-a}{2}$ である。

(iv)　$b = \dfrac{a+2}{3}$ のとき

$a < \dfrac{b-a}{2} = 1-b$ であるから, $y = \varphi(c)$ のグラフは次のようになる。

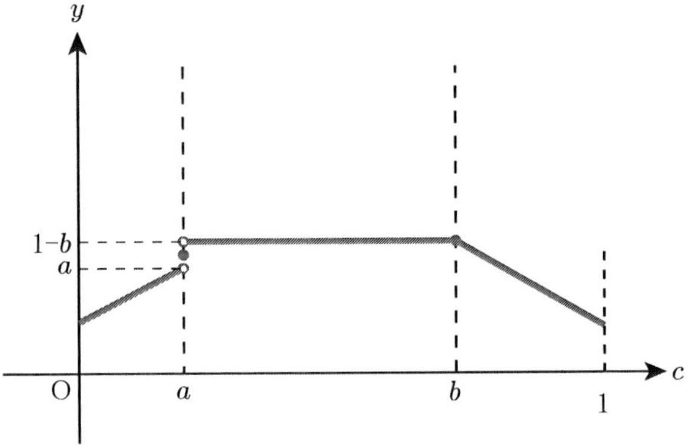

このとき, C は, 集客が最大になることだけを考えれば, $a < x \leq b$ に出店し, $f(\mathrm{C}) = \dfrac{b-a}{2}$ である。このような場合は, 「他の店の集客率の最大値を最小になるように」すなわち, 「$f(\mathrm{A}) = f(\mathrm{B})$ となるように」出店するので, $c = 1 - \dfrac{a+b}{2}$ となる。

このとき,

$$\begin{aligned} f(\mathrm{A}) = f(\mathrm{B}) &= \frac{1}{2} - \frac{b-a}{4} \\ &= \frac{1}{2} - \frac{1}{4}\left(\frac{a+2}{3} - a\right) \\ &= \frac{a+2}{6} \end{aligned}$$

である。

(v)　$\dfrac{a+2}{3} < b \leq 1$ のとき

$\dfrac{b-a}{2} > a,\ \dfrac{b-a}{2} > 1-b$ となるので, $y=\varphi(c)$ のグラフは次のようになる。

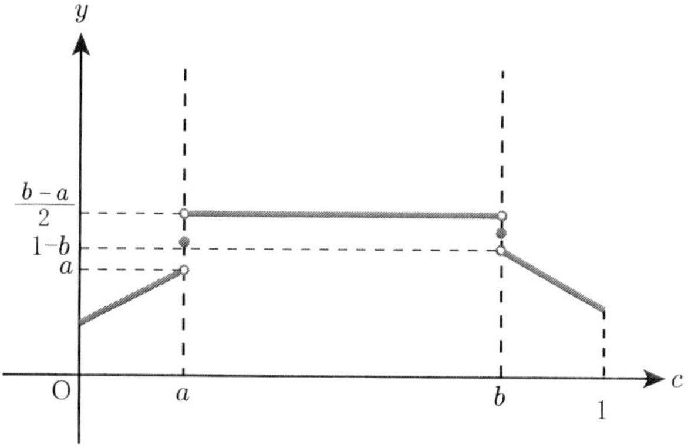

この場合も C の集客のことだけを考えるのであれば, C は $a < x < b$ に出店すればよい。このとき, $f(\mathrm{C}) = \dfrac{b-a}{2}$ である。さらに, 「$f(\mathrm{A}) = f(\mathrm{B})$」となるように出店するならば, $c = 1 - \dfrac{a+b}{2}$ に出店ということになる。この場合,

$$f(\mathrm{A}) = f(\mathrm{B}) = \frac{1}{2} - \frac{b-a}{4}$$

である。

2　本文中の $\mathbf{A}(a)$ の位置による $f(\mathbf{A})$ の値

本文中で, A(a) の位置を決めたときに, それに応じて B, C が適切な配置をするときの f(A) の値を求める詳しい導出過程を以下に記します。

(I) $0 \leq a < \dfrac{1}{4}$ のとき

(i) $a < b < \dfrac{a+2}{3}$ のとき

$a,\ \dfrac{b-a}{2},\ 1-b$ の中の最大値は $1-b$ である。このとき, $c = b + 0$ となり,

$$f(\mathrm{B}) = b - \frac{a+b}{2} = \frac{b-a}{2}$$

である。

(ii) $\dfrac{a+2}{3} \leq b \leq 1$ のとき

$a,\ \dfrac{b-a}{2},\ 1-b$ の中の最大値は, $\dfrac{b-a}{2}$ である。$f(\mathrm{C}) = \dfrac{b-a}{2}$ となる C の位置は複数存在するが, そのような場合 $f(\mathrm{A}) = f(\mathrm{B})$ となるように選ぶから,

$$f(\mathrm{B}) = \frac{1}{2}\left(1 - \frac{b-a}{2}\right) = \frac{1}{2} - \frac{b-a}{4}$$

である。

以上より, A の位置に応じて, C がどこに出店するかを考えたときの f(B) の値は次のようになる。

$$f(\mathrm{B}) = \begin{cases} \dfrac{b-a}{2} & \left(a < b < \dfrac{a+2}{3}\right) \\ \dfrac{1}{2} - \dfrac{b-a}{4} & \left(\dfrac{a+2}{3} \leq b \leq 1\right) \end{cases}$$

次に，これを b の関数と見る。このとき，$f(\mathrm{B})$ は，$b=\dfrac{a+2}{3}$ で連続ではないことに注意する。

$$\lim_{b\to\frac{a+2}{3}-0} f(\mathrm{B})=\frac{1-a}{3}$$

$$b=\frac{a+2}{3}\ \text{のとき}\ f(\mathrm{B})=\frac{a+2}{6}$$

より，

$$a<b<\frac{a+2}{3}\ \text{のとき}\quad 0<f(\mathrm{B})<\frac{1-a}{3}\ \left(\leq\frac{1}{3}\right)$$

$$\frac{a+2}{3}\leq b\leq 1\ \text{のとき}\quad \frac{a+1}{4}\leq f(\mathrm{B})\leq\frac{a+2}{6}$$

をとる。$\dfrac{a+2}{6}\geq\dfrac{1}{3}$ であるから，$f(\mathrm{B})$ は $b=\dfrac{a+2}{3}$ のときに最大になる。

つまり，$0\leq a<\dfrac{1}{4}$ となるように A が出店したとすれば，B は後で C が出店することを考えて，最大の客を確保するために，$x=\dfrac{a+2}{3}$ に出店する。なお，そのときの $f(\mathrm{A})$ の値は，

$$f(\mathrm{A})=\frac{a+2}{6}$$

である。

注

$0\leq b\leq a$ のときは，$f(\mathrm{B})<a$ であったので $0\leq b\leq a$ のときに $f(\mathrm{B})$ が最大になることはない。

(II) $\dfrac{1}{4} < a \leq \dfrac{1}{3}$ のとき

このときは, $a < 1 - a < \dfrac{a+2}{3} < 3a$ の順に並ぶ。

(i) $a < b < 1 - a$ のとき

a, $\dfrac{b-a}{2}$, $1 - b$ の中で最大値は, $1 - b$ である。これは, $c = b + 0$ のときとり, このとき,

$$f(\mathrm{B}) = \frac{b-a}{2}$$

である。

(ii) $b = 1 - a$ のとき

a, $\dfrac{b-a}{2}$, $1-b$ の中の最大値は, $a\ (= 1-b)$ である。この値は, $c = a-0$ および $c = b + 0$ でとり $f(\mathrm{B})$ の値は 2 つの平均をとって,

$$f(\mathrm{B}) = \frac{1}{2}\left\{\left(1 - \frac{a+b}{2}\right) + \frac{b-a}{2}\right\} = \frac{1-a}{2}$$

である。

(iii) $1 - a < b < 3a$ のとき

a, $\dfrac{b-a}{2}$, $1 - b$ の中の最大値は, a である。この値は, $c = a - 0$ でとり,

$$f(\mathrm{B}) = 1 - \frac{a+b}{2}$$

である。

(iv) $b = 3a$ のとき

a, $\dfrac{b-a}{2}$, $1 - b$ の中の最大値は, a $\left(= \dfrac{b-a}{2}\right)$ である。$f(\mathrm{C})$ を最大にする c は複数存在するが, $f(\mathrm{A}) = f(\mathrm{B})$ より,

$$f(\mathrm{B}) = \frac{1-a}{2}$$

である。

(v) $3a < b \leq 1$ のとき

a, $\dfrac{b-a}{2}$, $1-b$ の中の最大値は $\dfrac{b-a}{2}$ である。この値は, $a < c < b$ でとることができるが, このとき, $f(\mathrm{A}) = f(\mathrm{B})$ より,

$$f(\mathrm{B}) = \frac{1}{2}\left(1 - \frac{b-a}{2}\right) = \frac{1}{2} - \frac{b-a}{4}$$

である。

以上 (i) ～ (v) の中で $f(\mathrm{B})$ を最大にする場合は, (iii) において, $b = (1-a)+0$ としたときの $f(\mathrm{B}) = \dfrac{1}{2}$ である。このとき,

$$f(\mathrm{A}) = \frac{1}{2} - a$$

である。

(III) $\dfrac{1}{3} < a \leq \dfrac{1}{2}$ の場合

これは, (II) の場合の (i) ～ (iii) で考えるとよく, (II) と同じように, $b = (1-a)+0$ としたときの $f(\mathrm{B}) = \dfrac{1}{2}$ が最大である。また, このとき,

$$f(\mathrm{A}) = \frac{1}{2} - a$$

である。

(IV) $a = \dfrac{1}{4}$ のとき

この場合は, $3a = \dfrac{a+2}{3} = 1 - a = \dfrac{3}{4}$ である。

$b = \dfrac{3}{4}$ のとき, $c = \dfrac{1}{2}$ のとき $f(\mathrm{C})$ は最大になり, $f(\mathrm{C}) = \dfrac{1}{4}$ より,

$$f(\mathrm{A}) = \frac{1}{2}\left(1 - \frac{1}{4}\right) = \frac{3}{8}$$

である。

(I) ～ (IV) より, A の位置に応じて, B, C が最適な位置に出店したときの $f(\mathrm{A})$ の値は次のようになる。

$$f(\mathrm{A}) = \begin{cases} \dfrac{a+2}{6} & \left(0 \leqq a < \dfrac{1}{4}\right) \\ \dfrac{3}{8} & \left(a = \dfrac{1}{4}\right) \\ \dfrac{1}{2} - a & \left(\dfrac{1}{4} < a \leqq \dfrac{1}{2}\right) \end{cases}$$

$0 \leqq a < \dfrac{1}{4}$ のとき, $\dfrac{a+2}{6} < \dfrac{3}{8}$

$\dfrac{1}{4} < a \leqq \dfrac{1}{2}$ のとき, $\dfrac{1}{2} - a < \dfrac{1}{4}$

であることも考えて, $f(\mathrm{A})$ は $a = \dfrac{1}{4}$ のとき最大値 $\dfrac{3}{8}$ をとることがわかる。

第9章　一人で練習できる練習場

9.1　一人で練習できる練習場を作るには

一人で野球あるいはサッカーなどの球技の練習をするときに, 壁に向かってボールを投げる (蹴る) と, コントロールが悪ければ元の位置に戻ってきません。

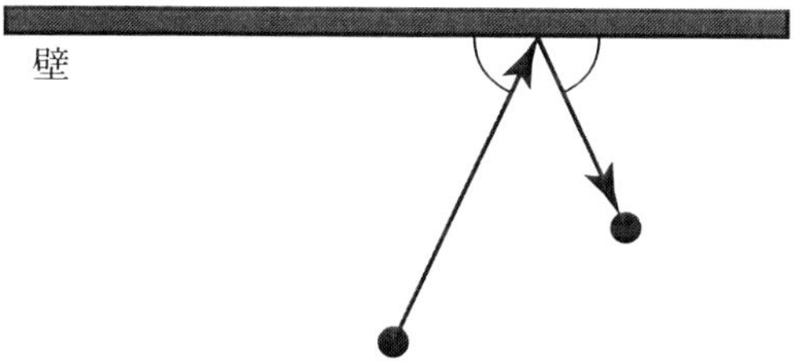

そこで, どんな人でも元の位置に戻ってくるようにするには, 壁を円形にして中心から投げる (蹴る) とよいのです。

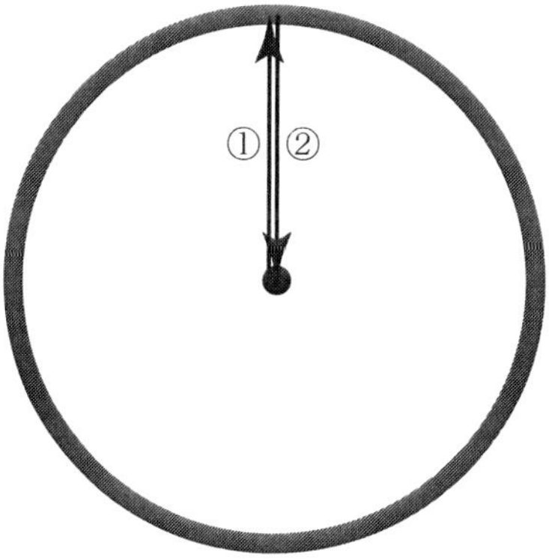

ここから先は, サッカーのボールを一人で蹴る練習を想定し, 蹴る人が上手く

なくても元の位置にボールが返ってくるような練習場を考えていくことにします。

さて, 確かに, 円形にしておけば, どこに向かって蹴ってもボールは戻ってきますが, 蹴る人がある程度のコントロールがあるのであれば, 完全な円でなく, 円の一部でもよいはずです。次の図は, 的をめがけて蹴る練習をするときに, 的を外れたボールが自動的に元の位置に戻るような練習場です。

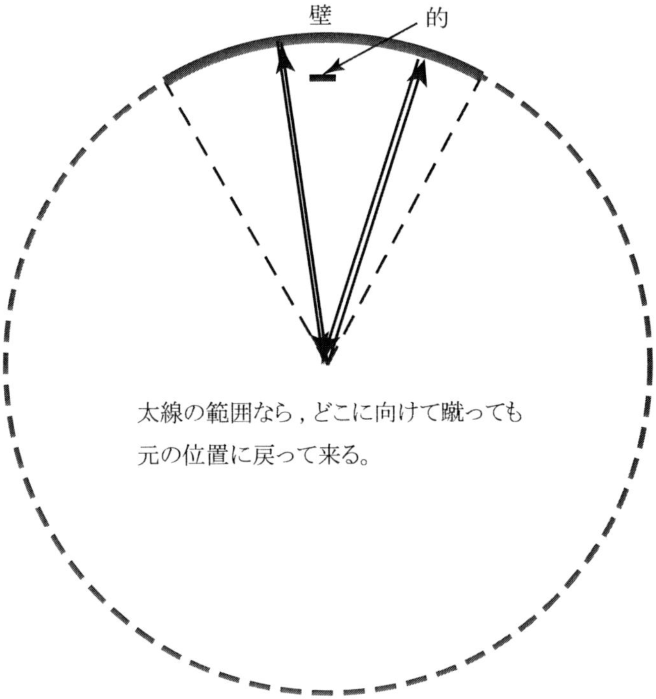
壁
的
太線の範囲なら, どこに向けて蹴っても
元の位置に戻って来る。

この練習場には少し困ったことがあります。それは, ボールの往路と復路が重なっているために, 蹴ったボールが的を外したとき, 次のボールを蹴るときに戻ってくるボールが邪魔になることです。ここをもう少し工夫しましょう。

この問題点を解消するためには, 次のような練習場が考えられます。

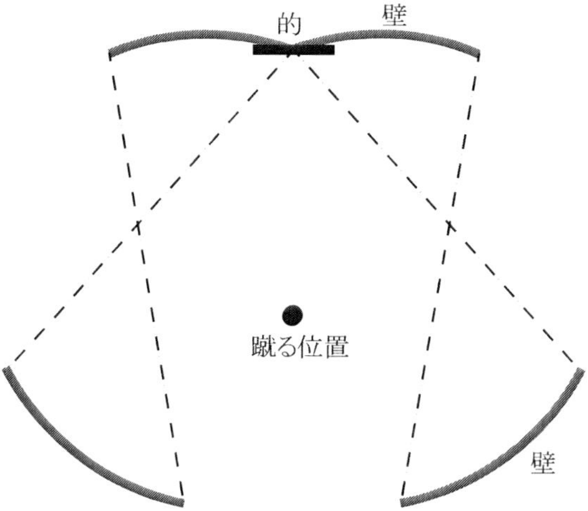

この練習場の壁は楕円の一部でできており, 的を外した場合, 次のような軌道でボールは元の位置に戻ってきます。

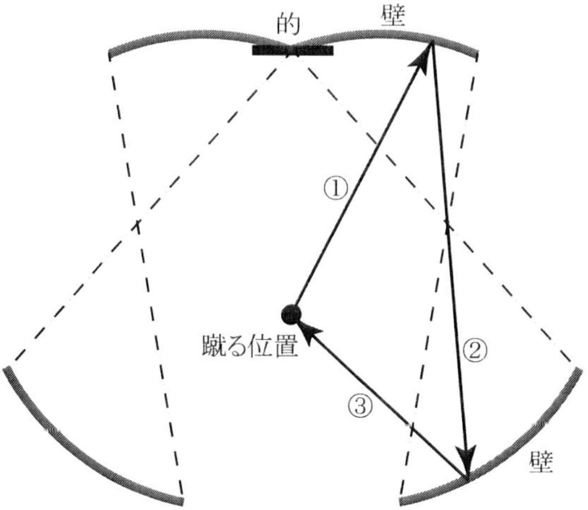

この練習場のよいところは, 的を外したボールが元の位置に戻ってくるまでの間, 次のボールを蹴ったときに邪魔にならない点です。

それでは, この練習場をどのように設計したかを説明しましょう。

9.2 理論編

なぜ, どこに蹴っても 2 回の反射の後にボールが元の位置に戻るかについては, 楕円の性質が関係してきます。具体的には, 楕円の焦点の 1 つから蹴りだしたボールは, 蹴りだした方向が長軸と平行でなければ必ず 2 回反射して元の焦点の位置に戻ることが原因です。これは楕円の接線の性質で, 次のようなものです。

【 楕円の接線の性質 】

楕円 E の 2 つの焦点を F_1, F_2 とする。また, この楕円 E 上の任意の点 T における接線を l とする。このとき, 「F_1T と l のなす角」と「F_2T と l のなす角」は等しい。

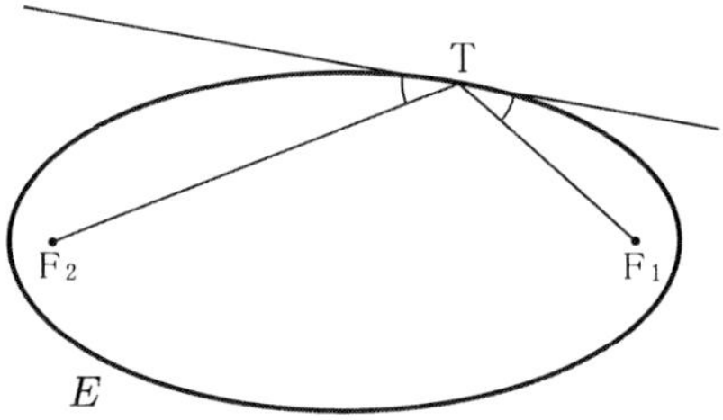

この性質を使って, 焦点の位置で蹴られたボールがどのような軌跡をたどるのかを追ってみましょう。

① まず, 楕円 E の焦点の一つ F_1 から長軸と平行ではない任意の方向にボールを蹴ります。

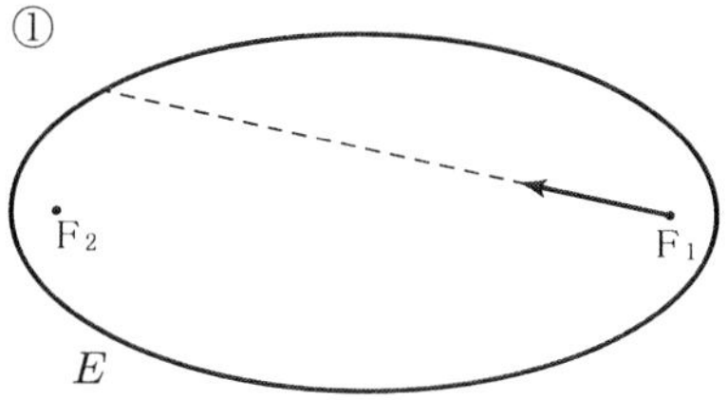

② ボールは, 最初に楕円上のある点 T_1 で跳ね返ります。このとき, 跳ね返ったボールの進む先にはもう一つの焦点 F_2 があります。

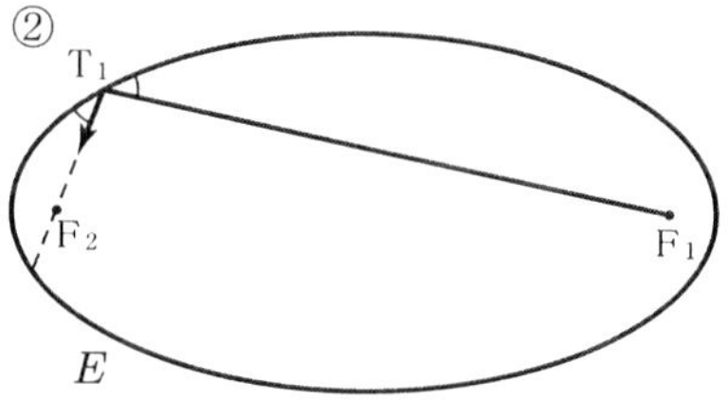

③　ボールは, 楕円上の点 T_2 で跳ね返り, F_1 に向かって進みます。

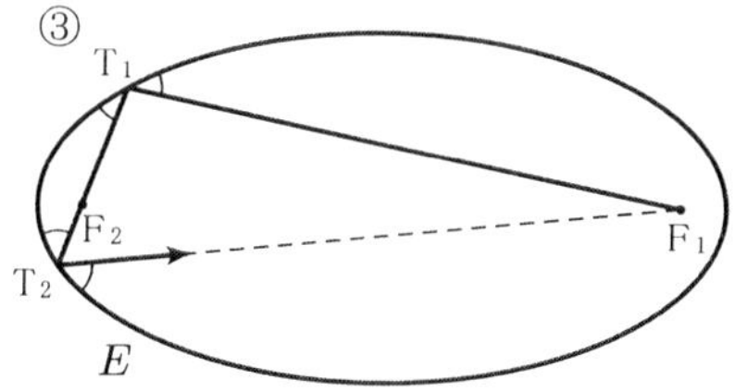

④　最後に, ボールは元の F_1 に戻ってきます。

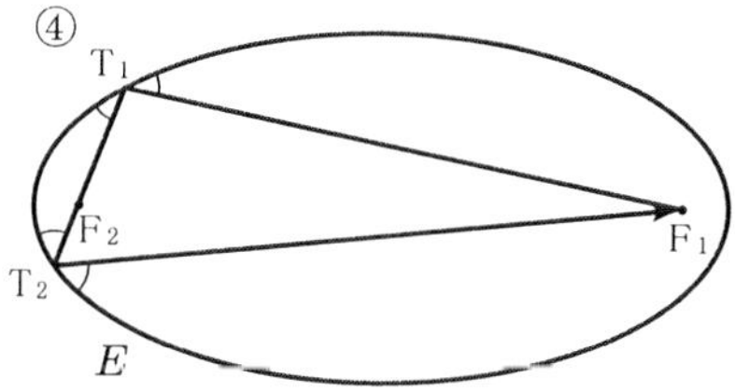

注

この図において,

$$F_1T_1 + T_1F_2 = F_2T_2 + T_2F_1 = (\text{長軸の長さ})$$

となり, それぞれの和は一定ですから,

$$F_1T_1 + T_1T_2 + T_2F_1 \ (= (\text{長軸の長さ}) \times 2)$$

となって, ボールが戻って来るまでにボールが移動する距離は一定です。したがって, 同じ強さでボールを蹴った場合, 蹴った順にボールが戻ってきます。

次の図は, 焦点 F_1 からいろいろな方向にボールを蹴った場合のボールの軌跡を描いたものです。蹴られたボールはどれも一度 F_2 を通り, F_1 に戻ってきます。

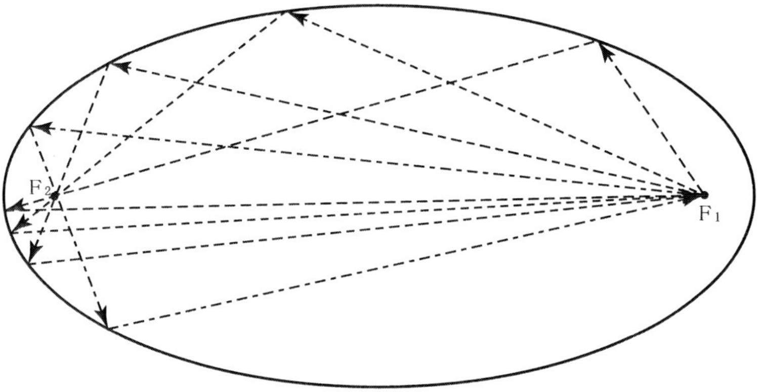

9.3 まとめ

さて, p. 151 の練習場ですが, 次のように 2 つの楕円が組み合わせられてできています。

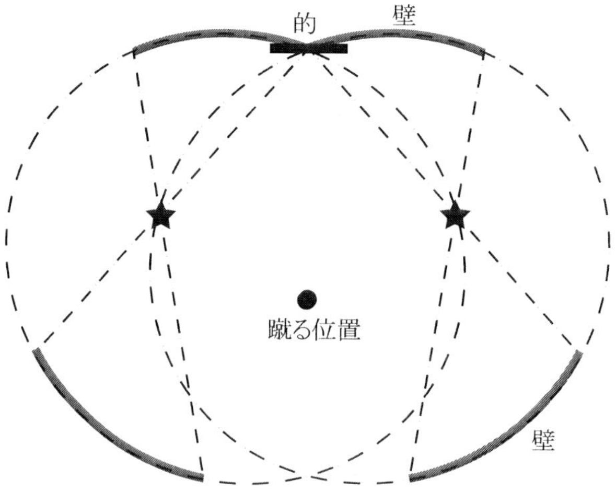

2 つの楕円は, それぞれ曲線の一部に壁を置く感じで作られています。もちろん場所が許すのなら楕円全体を用意してもかまいません。蹴る位置の●印は 2 つの楕円の共通の焦点です。また, ★印は 2 つの楕円のもう一つの焦点です。

次の図の, ① の方に進んだボールは, 一度壁にぶつかり, ② の方向に進みます。左の楕円のもう一つの焦点 ★ を通過したあと, もう一度壁にぶつかり反射して ③ の方に進みます。やがて蹴った位置に戻ってきます。ボールが戻って来るまでにボールが動いた距離は一定なので, 同じ強さで蹴ると蹴った順に戻って来ることになります。

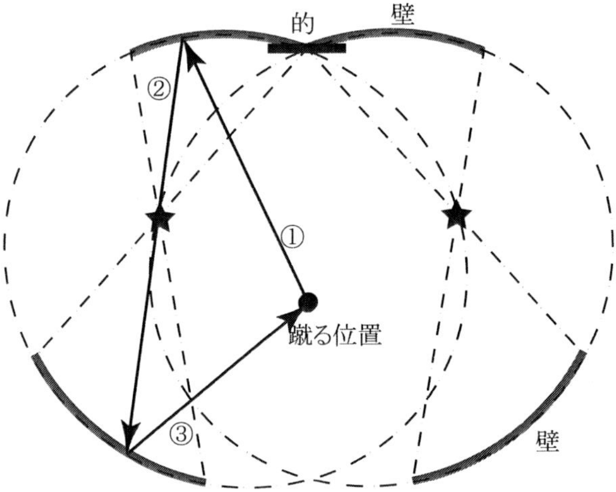

また, 楕円の形を変えると次のような練習場を作ることもできます。

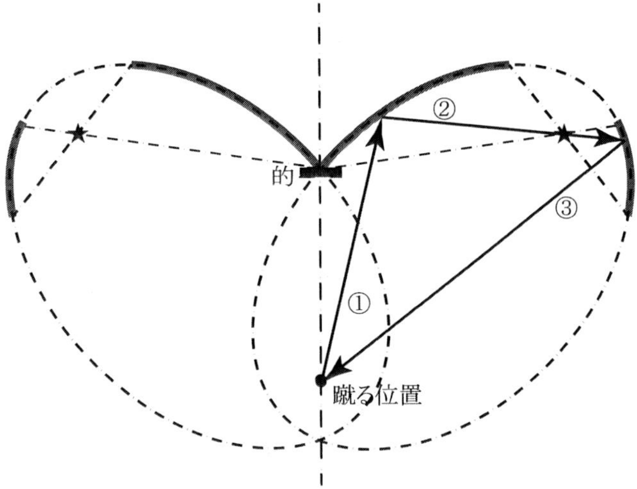

これを余分な線を消し，必要な壁を残した図を描くと次のようになります。

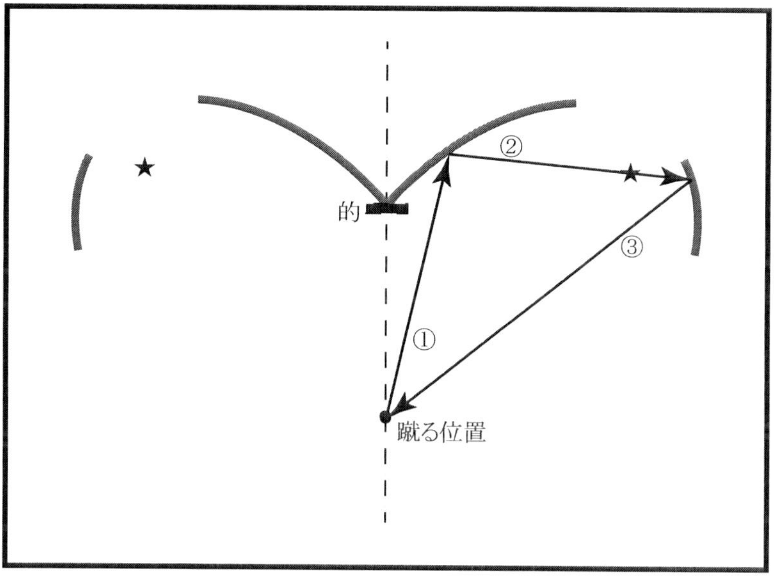

練習場

このように，楕円の形を工夫すると練習場の形状にあわせることができます。

9.4　参考

9.4.1　楕円の接線の性質について

p. 152 で用いた「楕円の接線の性質」について説明しましょう。

xy 平面上の楕円を

$$E : \frac{x^2}{a^2} + \frac{y^2}{b^2} = 1 \quad (a > b > 0)$$

とします。このとき, $c = \sqrt{a^2 - b^2}$ とおくと 2 つの焦点は, $F_1(c, 0)$, $F_2(-c, 0)$ と表せます。

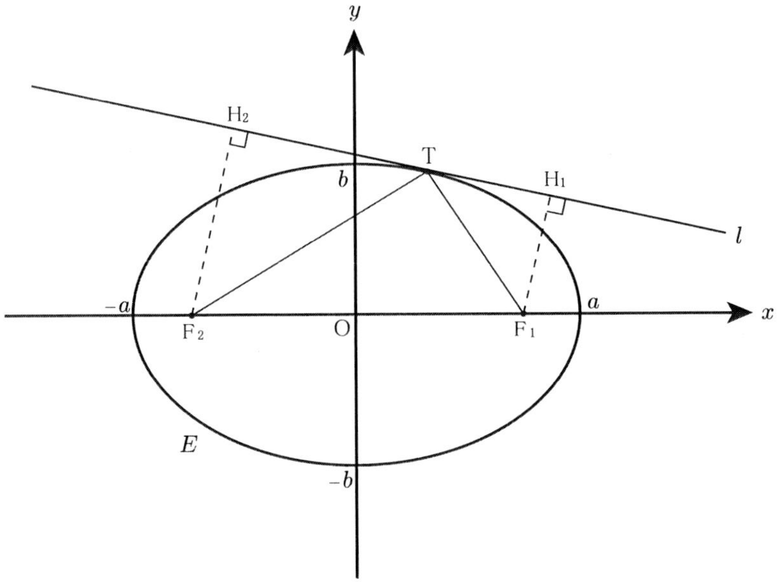

さて, まず楕円 E 上に点 $T(a\cos\theta, b\sin\theta)$ をとり, T における E の接線は次の方程式

$$\frac{\cos\theta}{a}x + \frac{\sin\theta}{b}y = 1$$

で表される直線ですが, これを l とします。そして, $\mathrm{F}_1, \mathrm{F}_2$ から l におろした垂線の足を $\mathrm{H}_1, \mathrm{H}_2$ とおきます。

ここでは,「$\mathrm{F}_1\mathrm{T}$ と l のなす角」と「$\mathrm{F}_2\mathrm{T}$ と l のなす角」が一致することを示すことが目標ですが, まずは, T と $\mathrm{H}_1, \mathrm{H}_2$ が異なる場合, すなわち, $\sin\theta \neq 0$ の場合を考えていくことにします。

$\sin\theta \neq 0$ のとき $\triangle \mathrm{F}_1\mathrm{TH}_1 \backsim \triangle \mathrm{F}_2\mathrm{TH}_2$ であることを示します。

$$\begin{aligned}
\mathrm{F}_1\mathrm{T} &= \sqrt{(a\cos\theta - c)^2 + (b\sin\theta)^2} \\
&= \sqrt{(a^2 - b^2)\cos^2\theta - 2ac\cos\theta + c^2 + b^2} \\
&= \sqrt{c^2\cos^2\theta - 2ac\cos\theta + a^2} \\
&= \sqrt{(a - c\cos\theta)^2} \\
&= |\,a - c\cos\theta\,|
\end{aligned}$$

同様に,

$$\begin{aligned}
\mathrm{F}_2\mathrm{T} &= \sqrt{(a\cos\theta + c)^2 + (b\sin\theta)^2} \\
&= |\,a + c\cos\theta\,|
\end{aligned}$$

一方, $\mathrm{F}_1\mathrm{H}_1$ の長さは, 点 F_1 と $l : \dfrac{\cos\theta}{a}x + \dfrac{\sin\theta}{b}y - 1 = 0$ の距離と考えて,

$$\begin{aligned}
\mathrm{F}_1\mathrm{H}_1 &= \frac{\left|\dfrac{\cos\theta}{a}c - 1\right|}{\sqrt{\left(\dfrac{\cos\theta}{a}\right)^2 + \left(\dfrac{\sin\theta}{b}\right)^2}} \\
&= k|\,a - c\cos\theta\,|
\end{aligned}$$

同様に,

$$\mathrm{F}_2\mathrm{H}_2 = k|\,a + c\cos\theta\,|$$

となります。ここで, $k = \dfrac{1}{a\sqrt{\left(\dfrac{\cos\theta}{a}\right)^2 + \left(\dfrac{\sin\theta}{b}\right)^2}}$ です。

以上から,

$$\mathrm{F_1T : F_2T = F_1H_1 : F_2H_2}$$

であるので, $\angle \mathrm{F_1H_1T} = \angle \mathrm{F_2H_2T} = \dfrac{\pi}{2}$ も考えて,

$$\triangle \mathrm{F_1TH_1} \backsim \triangle \mathrm{F_2TH_2}$$

が成り立つので,

$$\angle \mathrm{F_1TH_1} = \angle \mathrm{F_2TH_2}$$

が成り立ちます。

また, $\sin\theta = 0$ の場合は, $\mathrm{F_1T} \perp l$, $\mathrm{F_2T} \perp l$ であるから, やはり「$\mathrm{F_1T}$ と l のなす角」と「$\mathrm{F_2T}$ のなす角」は一致します。

これで, 楕円の接線の性質は証明されました。

9.4.2　楕円の焦点をどのように見つけるか

楕円の焦点を見つける方法を考えましょう。ここでは, 楕円が与えられたときに, コンパスと定規が使えるものとします。

1　楕円の長軸がわかっている場合

まず, 与えられた楕円 E の長軸がわかっている場合を考えましょう。長軸の両端を図のように A, B とします。

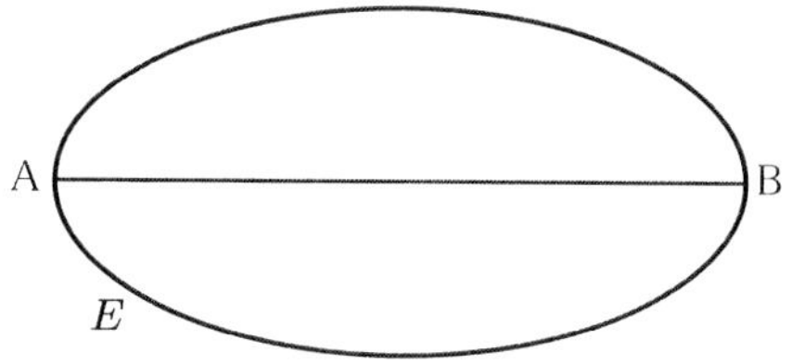

最初に, 楕円 E の短軸を引いておきます。この短軸は, 線分 AB の垂直二等分線として描きます。描いた短軸と長軸の交点が E の中心 O です。また, 短軸と E の交点の一つを C とします。

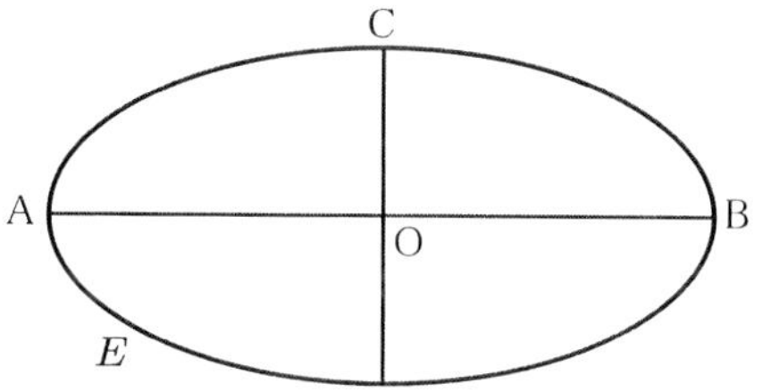

次に, 点 C における E の接線 (C を通り AB に平行な直線) と AB を直径とする円との交点をとり, 図のように T, U とします。

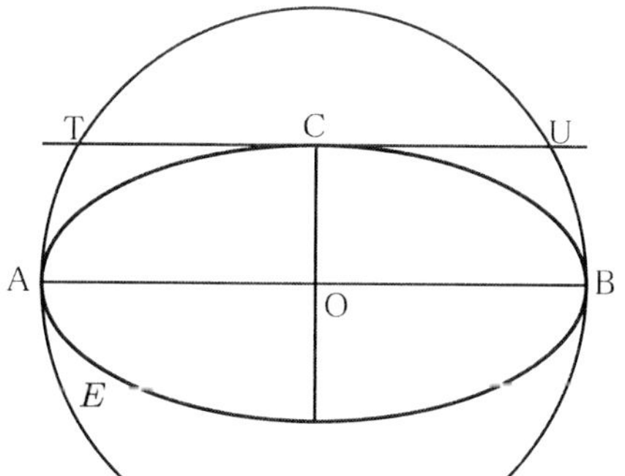

最後に, T, U から線分 AB に垂線をおろし, その垂線の足 (垂線と AB の交点) を F_1, F_2 とします。この F_1 と F_2 が楕円の焦点です。

注

もちろん, 線分 OA の長さをコンパスで測り, 点 C を中心とする半径 OA の円と長軸 AB の交点を求めることでも楕円の焦点はわかります。

2　楕円の長軸がわかっていない場合

楕円の長軸を見つけることができれば, 楕円の焦点の位置はわかるので, 次は楕円の長軸を見つける方法を示しましょう。

次のような楕円 E があります。この E と 2 点で交わる直線を 2 本引きます。

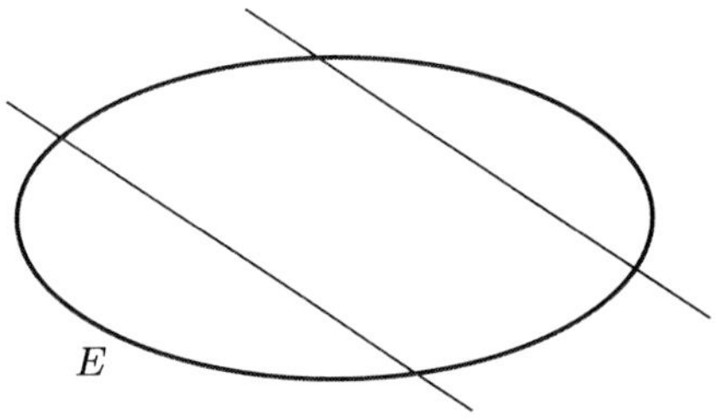

次に, それぞれの直線と楕円 E の交点を両端とする線分の中点をとり, 2 つの中点を結びます。結んで得られる直線を l_1 とします。この l_1 は楕円の中心を通ります。

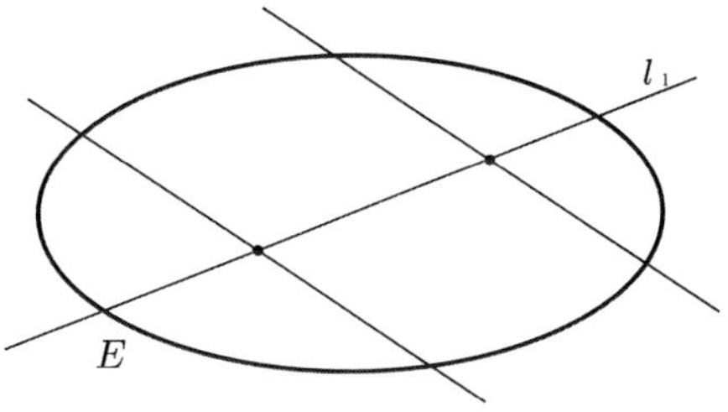

同じ方法で, l_1 と異なる直線 l_2 を引きます。l_1 と l_2 の交点を O とすると, この O が楕円の中心になります。

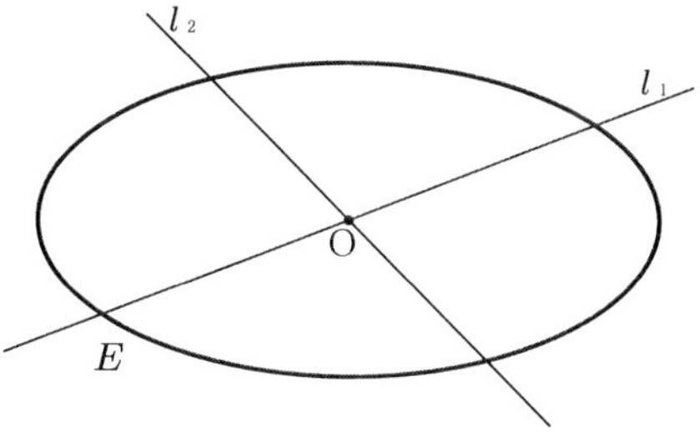

次に, 点 O を中心とし, E と 4 点で交わる円を描きます。

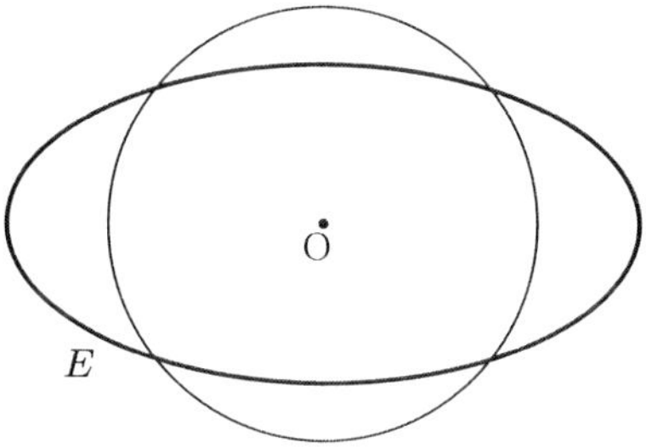

最後に, 円の楕円によって切り取られる弧の中で, 楕円の内部を通るものを 1 つ選びます。この弧に対する弦の垂直二等分線が, 楕円 E の長軸を含む直線になります。

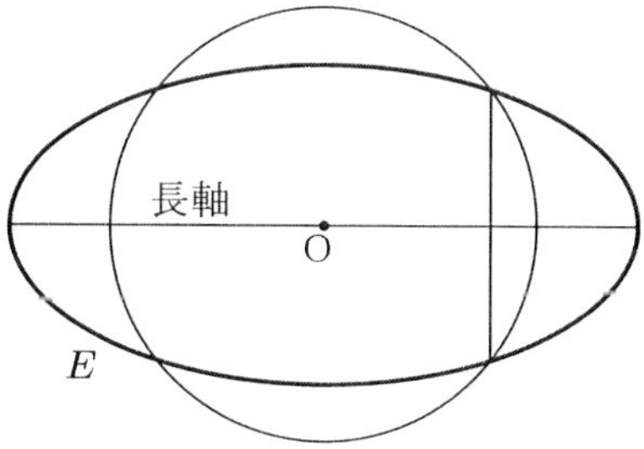

長軸がわかれば, 1 の手順に従い, 楕円の焦点を見つけることが出来ます。

付 録A　期待値に関する補足とその周辺

A.1　くじが当たるまでの回数とその周辺

1 回の試行で確率 p $(0 < p < 1)$ で起こる事象 A があるとします。この試行を A が起こるまで繰り返すことにし, 初めて A が起こった回数を X とします。ここで, A の起こる確率 p は何回目の試行においても一定であるとします。このとき, $X = n$ となる確率を p_n とおくと,

$$p_n = (1-p)^{n-1}p$$

ですから, X の期待値 $E(X)$ は,

$$\begin{aligned} E(X) &= \sum_{n=1}^{\infty} np_n \\ &= \sum_{n=1}^{\infty} n(1-p)^{n-1}p \\ &= p \cdot \frac{1}{\{1-(1-p)\}^2} \\ &= \frac{1}{p} \end{aligned}$$

となります。したがって, どの目も等確率で出るさいころでは, 1 の目が出るまで投げ続けると平均すると 6 回で出ます。

例えば, 宝くじの一つである ロト 6 について考えてみましょう。ロト 6 は, 1 ～ 43 までの整数から 6 個選び (選んだ数字を申込数字という), その中の何個

が主催者が指定した 6 個の数字 (本数字という) と一致しているかで当選等級が決まるくじです。なお, ロト 6 の場合は本数字の他にボーナス数字というのがあります。これは 2 等に使われる数字です。

申込数字は 43 個から 6 個選ぶので,

$${}_{43}\mathrm{C}_6 = 6096454 \text{ (通り)}$$

の選び方があります。この中で当選条件と当選する確率は次のようになります。

	条　　件	確率
1 等	申込数字が本数字 6 個とすべて一致	1.6403×10^{-7}
2 等	申込数字が本数字 5 個と一致し, さらにボーナス数字 1 個と一致	9.8418×10^{-7}
3 等	申込数字が本数字 5 個と一致	3.5430×10^{-5}
4 等	申込数字が本数字 4 個と一致	0.0016387
5 等	申込数字が本数字 3 個と一致	0.025490

注

n $(1 \leq n \leq 5)$ 等の当たる確率を p_n で表すと p_n は次の式で与えられます。

$$p_1 = \frac{1}{{}_{43}\mathrm{C}_6} = \frac{1}{6096454}$$

$$p_2 = \frac{6}{{}_{43}\mathrm{C}_6} = \frac{3}{3048227}$$

$$p_3 = \frac{{}_6\mathrm{C}_5 \cdot 36}{{}_{43}\mathrm{C}_6} = \frac{108}{3048227} \qquad (\to (※))$$

$$p_4 = \frac{{}_6\mathrm{C}_4 \cdot {}_{37}\mathrm{C}_2}{{}_{43}\mathrm{C}_6} = \frac{4995}{3048227}$$

$$p_5 = \frac{{}_6\mathrm{C}_3 \cdot {}_{37}\mathrm{C}_3}{{}_{43}\mathrm{C}_6} = \frac{11100}{435461}$$

(※) ここでは, p_3 は,

「6 枚のうち 5 枚が本数字と一致し, 残りの 1 枚は, 本数字とボーナス数字を除く 36 枚のどれかと一致する確率」

と考えました。(分子の 36 が 37 ではない理由です。)

このくじの場合は, 1 等が当たるまでは平均 6096454 回, 5 等が当たるまでは平均 39.23 回かかります。5 等を見て当たりやすいと感じるかもしれませんが, 4 等は, 610.3 回かかります。仮に, 毎週 2 回, 1 本の当たりくじを買い続けると, 年 52 回開催されるとして, 1 等が当たるまで平均 58620 年ほどかかります。毎回 10 本ずつ買う場合は, 5862 年後に当たります。毎回 100 本買えば 586 年後に当たります。これはあくまでも計算上の数値なので, その他の要素が入った場合はこの限りではありません。また, 同じ数字の組は当たるまで買い続けたり, 連番を買い続けても計算上は当たるまでの回数の平均値は変わりません。

さて, 期待値の他にも当たるまでの回数の目安を立てる方法はあります。

同じ設定で考えます。すなわち, 1 回の試行で確率 p で起こる事象 A があり, この試行を A が起こるまで繰り返したときの試行の回数を X とします。ただし, 事象 A は各回独立です。このとき, $X = n$ となる確率を p_n とおくと,

$$p_n = (1-p)^{n-1}p$$

でした。

ここまでは先ほどと同じですが, 今度は,

$$p_1 + p_2 + p_3 + \ldots + p_n \geq \frac{1}{2}$$

を満たす最小の正の整数 n を $N(p)$ とおき, $N(p)$ を求めてみましょう。この $N(p)$ は, 「$N(p)$ 回試行を繰り返せば半分は A が起こっている」といえる回数

です。

$p_n = (1-p)^{n-1}p$ であるから,

$$p_1 + p_2 + p_3 + \ldots + p_n = p \cdot \frac{1-(1-p)^n}{1-(1-p)}$$
$$= 1-(1-p)^n$$

となるので, これが $\frac{1}{2}$ 以上になる条件は,

$$1-(1-p)^n \geq \frac{1}{2}$$

ここから, $0 < 1-p < 1$ に注意して,

$$n \geq \log_{1-p}\left(\frac{1}{2}\right)$$

これを満たす最小の整数が $N(p)$ となります。この右辺を $f(p)$ と置くこととします。

$p = \frac{1}{6}$ のとき,

$$f(p) = \log_{\frac{5}{6}}\left(\frac{1}{2}\right) = 3.80\ldots$$

となります。したがって, 「1 の目が出るまでさいころを投げ続ける」とき, 平均は 6 回ですが, 実際は 4 回も投げれば半分は 1 の目が出ることになります。先ほどのロト 6 の場合は, 1 等が当たる場合は, およそ 4225740 回で半分の人は当たることになり, 5 等の場合は, およそ 26.84 回で半分の人が当たることになります。

A.2 空白域の確率

次のような問題を考えましょう。

n を 2 以上の整数として, n 家族がマンションに入居するとします。このとき, マンションには n 部屋があり, 希望が重なったときは抽選になります。この n 部屋は全く同じ構造をしていますので, n 家族がどの部屋を選ぶかはすべて等確率です。

さて, この抽選前のマンションに $n+1$ 人目の入居者が来ました。このとき, 誰も希望していない部屋を選べば, すぐに入居が決定されます。この $n+1$ 人目の人はどのくらいの確率で入居できるでしょうか。

これは, $n+1$ 人目の人がやってきた段階で, 少なくとも 1 人が入居を希望している部屋の個数 X の期待値を求める問題と実質的に同じものです。まず, n 個の部屋を 1 号室, 2 号室, 3 号室, ..., n 号室とおきます。そして確率変数 Y_k $(k = 1, 2, \ldots, n)$ を次のように定義します。

$$Y_k = \begin{cases} 1 & (k\text{ 号室に入居希望者がいる場合}) \\ 0 & (k\text{ 号室に入居希望者がいない場合}) \end{cases}$$

このように定義すると,

$$X = Y_1 + Y_2 + Y_3 + \ldots + Y_n$$

となります。また, $Y_k = 0$ となる確率 $P(Y_k = 0)$ は, n 人がすべて k 号室を避ける確率ですから,

$$P(Y_k = 0) = \left(1 - \frac{1}{n}\right)^n$$

となり, $Y_k = 1$ となる確率 $P(Y_k = 1)$ は,

$$P(Y_k = 1) = 1 - \left(1 - \frac{1}{n}\right)^n$$

となります。したがって, Y_k の期待値は,

$$\begin{aligned} E(Y_k) &= 0 \cdot P(Y_k = 0) + 1 \cdot P(Y_k = 1) \\ &= 1 - \left(1 - \frac{1}{n}\right)^n \end{aligned}$$

です。$X = Y_1 + Y_2 + Y_3 + \ldots + Y_n$ でしたから, X の期待値は, 期待値の和の性質を用いて,

$$\begin{aligned} E(X) &= E(Y_1) + E(Y_2) + E(Y_3) + \ldots + E(Y_n) \\ &= n\left\{1 - \left(1 - \frac{1}{n}\right)^n\right\} \end{aligned}$$

となります。これは, 全体を 1 と見たときの $1 - \left(1 - \frac{1}{n}\right)^n$ が埋まっていることになり, 逆に空き部屋率 r_n は,

$$r_n = \left(1 - \frac{1}{n}\right)^n$$

となります。r_n の主な値は次のようになります。

n	2	3	4	5	6	7
r_n	0.25000	0.29630	0.31641	0.32768	0.33490	0.33992

n	10	20	30	100	(∞)
r_n	0.34868	0.35849	0.36166	0.36603	(0.36788)

注

r_n の値は小数点以下第 6 位を四捨五入した。

なお, r_n は単調に増加する数列で,

$$\lim_{n \to \infty} r_n = \frac{1}{e}$$

となります。

この結果から, 例えば 20 戸入居者を募集しているマンションに 20 人が応募しているときは, 平均すると全体の 36 %, すなわち約 7 戸は誰も申し込んでいない部屋があり, 21 人目の応募者は 36 %の確率で抽選をすることなく入居できる可能性があります。

この問題をさらに拡張して, m 人が n 戸あるマンションに入居する抽選を行なう場合は, 誰も応募していない部屋の割合の平均 $r_{m,n}$ は,

$$r_{m,n} = \left(1 - \frac{1}{n}\right)^m$$

となります。m, n の値に対する $r_{m,n}$ の値を一部表にすると次のようになります。

$r_{m,n}$ の値

m \ n	2	3	4	5	10	20
2	0.25000	0.44444	0.56250	0.64000	0.81000	0.90250
3	0.12500	0.29630	0.42188	0.51200	0.72900	0.85738
4	0.06250	0.19753	0.31640	0.40960	0.65610	0.81451
5	0.03125	0.13169	0.23730	0.32768	0.59049	0.77378
10	0.00098	0.01734	0.05631	0.10737	0.34868	0.59874
20	x	0.00030	0.00317	0.01153	0.12158	0.35849

注

表中の x は, $x = 9.5367 \times 10^{-7}$ である。

A.3　最良選択問題

今から, 採用面接で 20 人の中から 1 人の秘書を選ばなければなりません。1 人ずつ呼んで面接をするのですが, 大変なので次のような方法を考えました。

- 最初の 6 人はどんなによいと思われる人がいても採用しない。
- 7 人目からは, それまでに面接したどの人よりもよいと思った人を即座に秘書として採用し, それ以降の人は面接はしない。
- 19 人目まで選ぶ人がいなければ 20 人目を選ぶ。

注

最後の条件は, 20 人目がよくなければ選ばないとするものもあります。また, 20 人目に触れていないものもあります。

一見するといい加減な採用方法ですが, 実際に, この方法で最も有能な秘書を選ぶ確率はどのくらいなのでしょうか。このような問題を「**秘書問題**」といいます。この秘書を結婚相手に変えると「**結婚問題**」と呼ばれます。すなわち, 次のような問題です。

20 代の A さん (男性) は, 今の生活を考えると今後の人生で結婚相手として出会える人数は 10 人であると考えた (実際に 10 人であるとします)。そこで, 相手を次のように選ぶことにしました。

- 最初の 2 人は, どんなによくても結婚相手としては選ばない。
- 3 人目からは, それ以前に出会ったどの人よりもよいと感じたら結婚相手として行動する。
- 9 人目までによい相手が見つからなければ, 10 人目は必ず結婚相手と考える。

この方法も, いい加減な結婚相手選びと見なされますが, 最初の必ず断る相手の人数をうまく調整すると, ある程度よい結果が得られます (よいかどうかの判断は人に依ります)。

さて, それでは, このような問題を数学の問題として考えてみましょう。

【問題】

箱の中に, 異なる正の整数が書かれた n 枚のカードが入っています。ここから, カードを 1 枚ずつ取っていき, 「選ぶ」か「捨てる」の選択をします。「捨てる」ことになったカードは箱の中には戻しません。これを繰り返し, 最終的にカードを 1 枚選びます。選んだ後にカードは引きません。なお, 取り出す人は, 箱の中のカードの枚数は知っていますが, カードに書かれている数の最大値は知りません。

カードを「選ぶ」か「捨てる」は次の規則に基づきます。(これを「戦略」と呼ぶことにします。)

- 最初の k $(< n-1)$ 枚目までは必ず「捨てる」ことにします。
- $k+1$ 枚目以降は, それ以前に引いたカードの最大値より大きければ「選ぶ」ことを行ない, そこでこの操作は終えます。
- n 回目の操作まで行なわれたときは, カードに書かれている数によらず n 回目のカードを選びます。

この戦略で, 最大値が書かれたカードを取り出すことができる確率を $p(n,k)$ とおくことにします。この $p(n,k)$ を求めてください。

n 枚のカードに書かれている数字の最大値を M とし, M が書かれているカードを $\boxed{M}$ で表すことにします。

まず, n 枚のカードを無作為に並べる並べ方は $n!$ 通りで, これらが等確率で起こります。

次に, l $(k+1 \leq l \leq n)$ 回目に $\boxed{M}$ を引くようなカードの並べ方を考えます。

引いたカードを次のように左から並べたとして, 図のようにエリア A 〜 C を設定します。

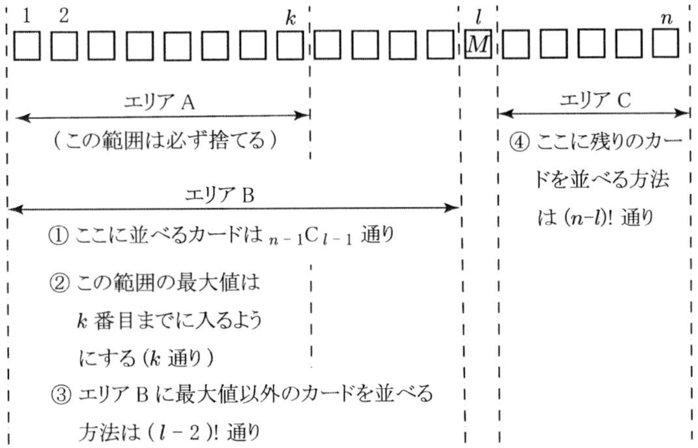

① まず, エリア B (最初から $l-1$ 枚目まで) に並べるカードを選びます。これは, $\boxed{M}$ 以外の $n-1$ 個のカードから $l-1$ 枚を選ぶので $_{n-1}C_{l-1}$ 通りです。

② 次に, ① で選んだカードの中の最大値をエリア A (最初から k 枚目まで) に配置します。これは k 通りあります。

③ 次に, ① で選んだカードの最大値以外のカード $((l-2)$ 枚ある$)$ をエリア B の中に配置します。これは, $(l-2)!$ 通りです。

④　最後に残った $n-l$ 枚をエリア C ($l+1$ 枚目以降) に配置します。これは, $(n-l)!$ 通りあります。

以上より, $\boxed{M}$ を l 回目に選び出す方法は,

$$\underbrace{{}_{n-1}\mathrm{C}_{l-1}}_{①} \times \underbrace{k}_{②} \times \underbrace{(l-2)!}_{③} \times \underbrace{(n-l)!}_{④} = \frac{k(n-1)!}{l-1} \ (\text{通り})$$

だけあります。これは, $\boxed{M}$ を 「l 回目」に選び出す方法の個数なので, $\boxed{M}$ を選び出す場合は, $l=k+1,\ k+2,\ \ldots,\ n$ の場合の和をとって,

$$\sum_{l=k+1}^{n} \frac{k(n-1)!}{l-1} \ (\text{通り})$$

になります。したがって, この戦略で最大値が書かれた $\boxed{M}$ を選ぶ確率 $p(n,k)$ は,

$$p(n,k) = \sum_{l=k+1}^{n} \frac{\dfrac{k(n-1)!}{l-1}}{n!}$$
$$= \sum_{l=k+1}^{n} \frac{k}{n(l-1)} \tag{A.1}$$

です。

☆――――――――――――――――――――――――――――――☆

補　足

(A.1) は次のように考えて導く手もあります。

$\boxed{M}$ が l 回目に選び出される位置にある確率ですが,

(a)　$\boxed{M}$ が l 回目に取り出される位置にある確率は $\dfrac{1}{n}$ です。

(b)　(a) の後で, $l-1$ 回目までのカードに書かれた数字のうち最大のものが k 回目までに置かれている確率は, $\dfrac{k}{l-1}$ です。

したがって, この確率は, $\frac{1}{n} \cdot \frac{k}{l-1}$ となり, 次に l に関する和をとることで, (A.1) が得られます。

☆────────────────────────────────☆

さて, (A.1) に基づいて, $n=2$ のとき $p(n,k)$ $(2 \leq k \leq 8)$ の値の一部を記すと次のようになります。(小数第 5 位を四捨五入してあります。)

k	2	3	4	5	6	7	8
$p(10,k)$	0.3658	0.3987	0.3983	0.3728	0.3273	0.2653	0.1889

この場合は, $k=3$ のときが最大で, およそ 0.4 の確率でもっともよい結果が得られます。

また, n が大きい場合は, $p(n,k)$ は積分で近似できて,

$$p(n,k) \fallingdotseq \int_k^n \frac{k}{nx}\,dx = \frac{k}{n}\log\frac{n}{k}$$

と表せます。さらに, $\frac{n}{k}=x$ とおいて連続関数のように見なすと,

$$p(n,k) \fallingdotseq \frac{\log x}{x} \quad (= u(x) \text{ とおく})$$

となりますが, $u(x)$ は $x=e$ で最大値 $\frac{1}{e}$ を取りますので, n が十分に大きいときは, $p(n,k)$ は k が $\frac{n}{e}$ $(\fallingdotseq 0.3679n)$ の近くで最大になり, その値は $\frac{1}{e}$ $(\fallingdotseq 0.3679)$ で近似できます。

実際, $n=100$ のときの $p(n,k)$ の値の一部を記すと次のようになります。

k	10	20	30	40	50	60	70
$p(100,k)$	0.2348	0.3259	0.3647	0.3695	0.3491	0.3085	0.2512

さらに, $33 \leq k \leq 39$ のときの値は次のようになります。($k = 36$, 37 のときのみ小数第 6 位を四捨五入しています。)

k	33	34	35	36	37	38	39
$p(100, k)$	0.3692	0.3701	0.3707	0.37101	0.37104	0.3708	0.3703

このように $n = 100$ の場合は $k = 37$ のとき最大になります。これが結婚問題の場合は, 100 人とお見合いをする場合, 37 人目までは無条件に断り, 38 人目以降, それまでよりも最もよい人が現れたら, 即決定とすれば, 最良の人を選ぶことができ, その確率は, およそ 37.1 %ということになります。

付 録B　紙に纏わる豆知識

B.1　A 判と B 判の関係

私たちが普段使う紙としては A4 用紙, B5 用紙などの An 用紙, Bn 用紙が多く使われています。ここで n は 0 以上の整数です。もちろん, この規格に当てはまらない用紙もあり, 代表的なものには新聞紙 (546mm× 406mm) があります。ここでは, A 判, B 判 について触れましょう。

まず, An 用紙の形状については次のように定義することができます。

(i)　A$(n+1)$ 用紙は, An 用紙を半分に折ったものである。

(ii)　An $(n = 0, 1, 2, \ldots)$ 用紙はすべて相似な長方形である。

(iii)　A0 の面積は 1 m^2 である。

このうち, (i), (ii) で An 用紙の隣合う 2 辺の長さの比が決まります。

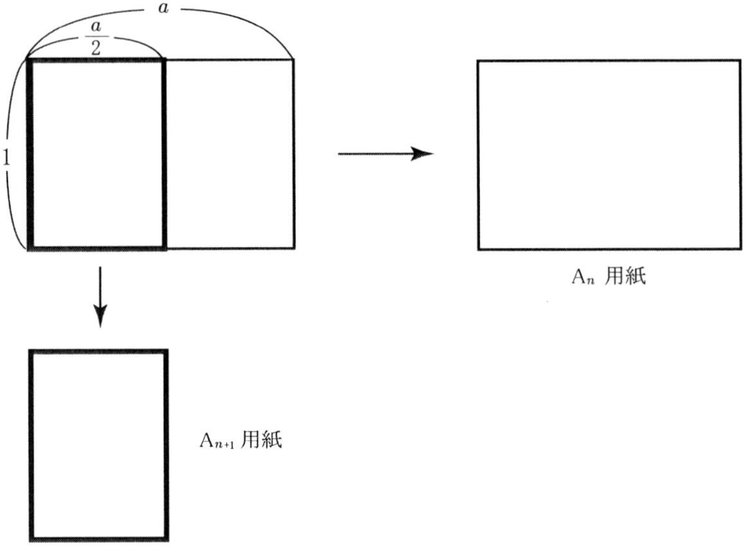

An 用紙の隣り合う辺の長さを図のように 1 と $a\ (>1)$ とします。このとき，A$(n+1)$ 用紙の隣り合う辺の長さは $\dfrac{a}{2}$ と 1 となり，2 つの長方形は相似なので，a は次のようになります。

$$1 : a = \frac{a}{2} : 1$$
$$\therefore \quad \frac{a^2}{2} = 1$$
$$\therefore \quad a = \sqrt{2} \quad (\because \quad a > 1)$$

隣り合う 2 辺の長さの比が $1 : \sqrt{2}$ であることがわかったので，次に，A0 用紙の隣り合う 2 辺の長さを l m, $\sqrt{2}l$ m とおきます。(iii) より，A0 用紙の面積が 1 m^2 であるので，

$$\sqrt{2}l^2 = 1$$

が成り立ち，ここから，

$$l = \frac{1}{\sqrt[4]{2}}$$

となるので, A0 用紙の隣り合う辺の長さは $\frac{1}{\sqrt[4]{2}}$ m と $\sqrt[4]{2}$ m となり, これはおよそ 841mm と 1189mm になります。

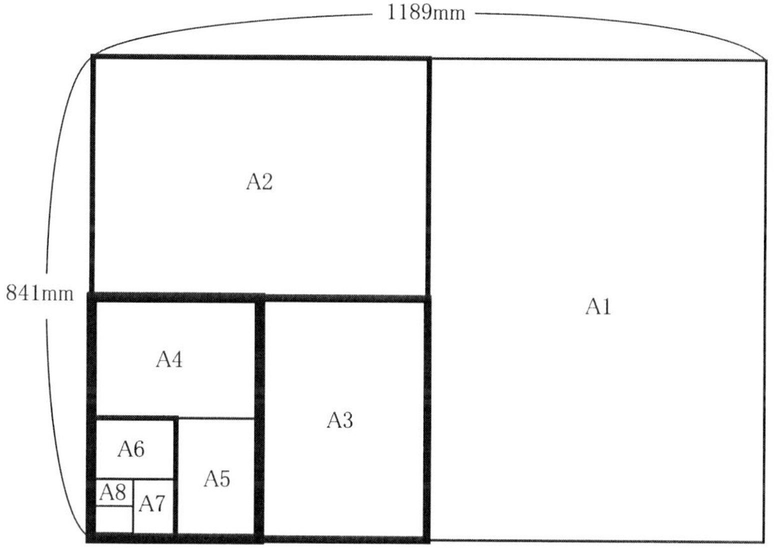

全体が A0

注

A0 用紙の 1 辺の長さで長い方は, 1.189m ですが, これは, $\sqrt[4]{2}$ から得られた値です。身の回りで $\sqrt[4]{2}$ が直接使われている例は珍しいですね。

次に, B 判の用紙について説明しましょう。B0 用紙は元々 A0 用紙の 1.5 倍の面積をもつ用紙として作られました。したがって, 隣り合う辺の長さはそれぞれ $\sqrt{\frac{3}{2}}$ 倍になりますから, B0 用紙は,

$$\frac{1}{\sqrt[4]{2}} \cdot \sqrt{\frac{3}{2}} = 1.02988\ldots$$

$$\sqrt[4]{2} \cdot \sqrt{\frac{3}{2}} = 1.45647\ldots$$

より, 短い方の辺の長さ 1030mm, 長い方の辺の長さ 1456mm の長方形です。

さて, このように定められた B 判ですが, A 判との比較で一つ面白い性質があります。それは, 次のようなものです。

An 用紙の辺の長さを a, $\sqrt{2}a$ とすると, Bn 用紙の辺の長さは, $\sqrt{\frac{3}{2}}a$, $\sqrt{3}a$ となります。ここで,

$$a^2 + (\sqrt{2}a)^2 = (\sqrt{3}a)^2$$

が成り立つので, 三平方の定理より, Bn 用紙の辺の長さ $\sqrt{3}a$ は An 用紙の対角線の長さになります。

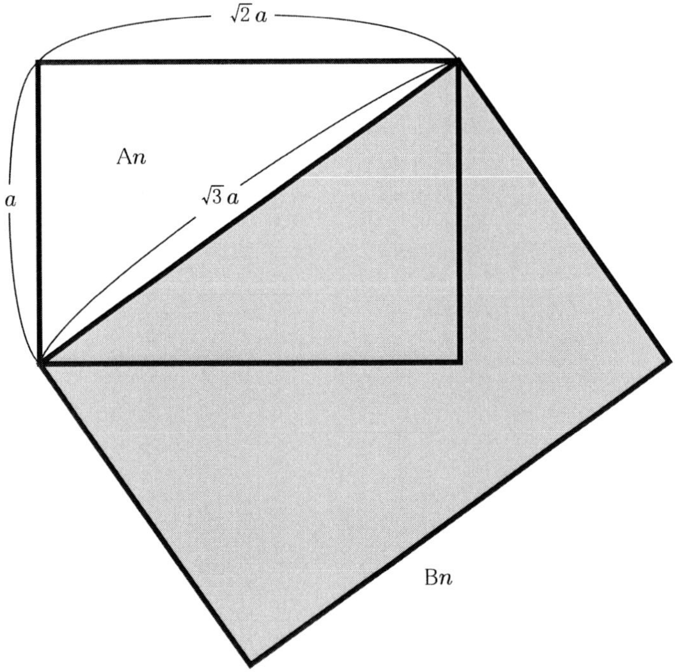

B.2 紙を 42 回折れば月に届く

紙を半分に折れば, 厚さは 2 倍になります。さらに重ねたままで半分に折ると厚さは, さらに 2 倍になるので元の紙 1 枚分の 4 倍になります。このように, 紙を n 回折り続けると厚さは元の 2^n 倍になります。一般に指数関数 a^x は, $a > 1$ のとき, 1 次関数, 2 次関数などよりも速く大きくなる性質があり, 2^n も例外ではありません。$2^{42} = 4398046511104$ ですので, 厚さ 0.1mm の紙[1]であれば紙を 42 回折ればその厚さは 43 万キロを超えますので地球と月までの距離 (36.3 万キロメートル〜40.5 万キロメートル) よりも大きくなるのです。ただし, A0 用紙を折ったとすれば, これは, 形式上は A42 用紙になりますから, 一辺の長さは, A0 用紙の 2^{21} 分の 1 倍で,

$$2^{21} = 2097152$$

ですから, 長い方の辺の長さは,

$$1189\text{mm} \times \frac{1}{2097152} = 0.000566959381103515625 \text{ mm}$$

となり, これはおよそ 0.56 マイクロメートルになります[2]。

ちなみに, 紙の厚さを 0.1 mm とした場合,

12 回折ると階段 1 段の高さ (蹴り上げ 23cm 以下[3]) を超える (409.6mm)

15 回折ると人間の身長を超える (3276.8 mm)

23 回折ると東京スカイツリーの高さ (634m) を超える (838860.8mm)

26 回折ると富士山の高さ (3776m) を超える (6710886.4mm)

さらに, 42 回を超えて,

51 回折ると太陽に到達 (1.5 億キロメートル) する (225179981368524.8mm)

のようになります。これらはもちろん計算上での話です。

---

[1]一般的なコピー用紙の厚さは, 0.08mm 〜 0.1mm 程度。
[2]横の長さは, およそ 0.4 マイクロメートル
[3]建築基準法になる一般住宅の場合。

あとがき

この度は本書を手に取っていただきありがとうございます。本書は, 私のこれまで数学に関わった中で得られた日常に役に立つ数学のアイディアからよいと思われるものを選択し, みなさんに楽しんでもらえればと考え書きました。

私は自身は, 元々は微分方程式に関心をもち, 微分方程式が数式を用いて様々な自然現象, 社会現象を説明できる魅力を感じそれを伝えてきました。しかし, そのような分野は数学の中では微分方程式に限ったものではありません。 数学に長い間携わっているといろいろな分野に触れますので, 伝えたい話も多方面にわたり多くの分野の蓄積ができました。それに加え, 現在は, 数学の楽しさ, 有用性を伝える書籍は以前よりも増え, 社会もそれを求める時代になりました。私はもともと数学の楽しさを伝えることはライフワークの一つとして行なっていますので, 自分の考えと時代の流れが相乗作用となり, その上で, このような機会を与えてくれた出版社には感謝を申し上げます。

本書の本編では, 私が普段の生活の中でこれまで集めて来たもののうち, 独自にたどり着いたもの ($\neq$ 世界で最初にたどり着いたもの) の中から選び, 満を持して紹介しています。したがって, 類書を読まれた方にも新鮮さがあるような配慮をしたつもりですが, すでに知っている話もあるかもしれません。また, 本書は数学のモデルを作り現象を検討することを行なっていますが, あくまでも数学のモデルであり, 話を単純化した部分もありますので, 厳密な判断をするときには慎重になさってください。

本書を通じて多くの方が, 数学の楽しさを実感していただけると大変うれしく思います。

著者　清　史弘

著者紹介：

清　史弘（せい・ふみひろ）

1965 年生まれ

小学生から大学生までを教えた経験があり，現在は教員向けにも講演活動を行なう。

現在，数学教育研究所代表取締役，予備校講師

主著：「数学の幸せ物語」（現代数学社）

「プラスエリート」（駿台文庫）

「計算のエチュード」（数学教育研究所）

数学を使ってなっとく！ 数学的思考の日常　――直観と実際――

2021 年　8 月 21 日　　初版第 1 刷発行
2021 年 10 月 14 日　　初版第 2 刷発行

著　　者　　清　史弘
イラスト　　市川　みづき
発 行 者　　富田　淳
発 行 所　　株式会社　現代数学社
〒 606-8425 京都市左京区鹿ヶ谷西寺ノ前町 1
TEL 075（751）0727　FAX 075（744）0906
https://www.gensu.co.jp/

装　　幀　　中西真一（株式会社 CANVAS）

印刷・製本　　有限会社ニシダ印刷製本

ISBN 978-4-7687-0564-3　　2021 Printed in Japan